天干与地支

◎主编 金开诚
◎编著 于元

吉林出版集团
吉林文史出版社

图书在版编目(CIP)数据

天干与地支 / 于元著. -- 长春 : 吉林文史出版社,2011.9 (2023.4重印)
(中国文化知识读本)
ISBN 978-7-5472-0841-0

Ⅰ. ①天… Ⅱ. ①于… Ⅲ. ①古历法-介绍-中国
Ⅳ. ①P194.3

中国版本图书馆CIP数据核字(2011)第201891号

天干与地支

TIANGAN YU DIZHI

主编/ 金开诚 **编著**/于 元
项目负责/崔博华 **责任编辑**/崔博华 刘姝君
责任校对/刘姝君 **装帧设计**/李岩冰 刘冬梅
出版发行/吉林出版集团有限责任公司 吉林文史出版社
地址/长春市福祉大路5788号 **邮编**/130000
印刷/天津市天玺印务有限公司
版次/2011年9月第1版 **印次**/2023年4月第3次印刷
开本/660mm×915mm 1/16
印张/9 **字数**/30千
书号/ISBN 978-7-5472-0841-0
定价/34.80元

前 言

文化是一种社会现象，是人类物质文明和精神文明有机融合的产物；同时又是一种历史现象，是社会的历史沉积。当今世界，随着经济全球化进程的加快，人们也越来越重视本民族的文化。我们只有加强对本民族文化的继承和创新，才能更好地弘扬民族精神，增强民族凝聚力。历史经验告诉我们，任何一个民族要想屹立于世界民族之林，必须具有自尊、自信、自强的民族意识。文化是维系一个民族生存和发展的强大动力。一个民族的存在依赖文化，文化的解体就是一个民族的消亡。

随着我国综合国力的日益强大，广大民众对重塑民族自尊心和自豪感的愿望日益迫切。作为民族大家庭中的一员，将源远流长、博大精深的中国文化继承并传播给广大群众，特别是青年一代，是我们出版人义不容辞的责任。

本套丛书是由吉林文史出版社组织国内知名专家学者编写的一套旨在传播中华五千年优秀传统文化，提高全民文化修养的大型知识读本。该书在深入挖掘和整理中华优秀传统文化成果的同时，结合社会发展，注入了时代精神。书中优美生动的文字、简明通俗的语言、图文并茂的形式，把中国文化中的物态文化、制度文化、行为文化、精神文化等知识要点全面展示给读者。点点滴滴的文化知识仿佛颗颗繁星，组成了灿烂辉煌的中国文化的天穹。

希望本书能为弘扬中华五千年优秀传统文化、增强各民族团结、构建社会主义和谐社会尽一份绵薄之力，也坚信我们的中华民族一定能够早日实现伟大复兴！

目录

一、略谈天干与地支

天干指甲、乙、丙、丁、戊、己、庚、辛、壬、癸；地支指子、丑、寅、卯、辰、巳、午、未、申、酉、戌、亥；而天干和地支可以两两相配组成六十甲子：

1.甲子 2.乙丑 3.丙寅 4.丁卯 5.戊辰 6.己巳 7.庚午 8.辛未 9.壬申 10.癸酉 11.甲戌 12.乙亥 13.丙子 14.丁丑 15.戊寅 16.己卯 17.庚辰 18.辛巳 19.壬午 20.癸未 21.甲申 22.乙酉 23.丙戌 24.丁亥 25.戊

子 26.己丑 27.庚寅 28.辛卯 29.壬辰 30.癸巳 31.甲午 32.乙未 33.丙申 34.丁酉 35.戊戌 36.己亥 37.庚子 38.辛丑 39.壬寅 40.癸卯 41.甲辰 42.乙巳 43.丙午 44.丁未 45.戊申 46.己酉 47.庚戌 48.辛亥 49.壬子 50.癸丑 51.甲寅 52.乙卯 53.丙辰 54.丁巳 55.戊午 56.己未 57.庚申 58.辛酉 59.壬戌 60.癸亥

这是干支对应组合，应用最为广泛。

干支还有另外的组合形式，如遁甲，即将上表中带甲的组合排出，用于预测学，也称帝王术。

此外，还有以天干为主的综合性组合和以地支为主的综合性组合，以天干为主的有六甲、六壬：

六甲指甲子、甲戌、甲申、甲午、甲辰、甲寅，我国古代星象家用于星座划分。

六壬指壬申、壬午、壬寅、壬辰、壬子、壬戌，这是古代占卜的一种方法。

以地支为主的综合性组合有五子等，五子指甲子、丙子、戊子、庚子、壬子，这和《易经》有关。

中华民族是世界上最古老的民族之一，在科学技术上的发明对人类有伟大的贡献，最显著的例子便是造纸术、印刷术、火药和指南针。这四种发明改变了整个世界的面貌，在文化上、工业上、航

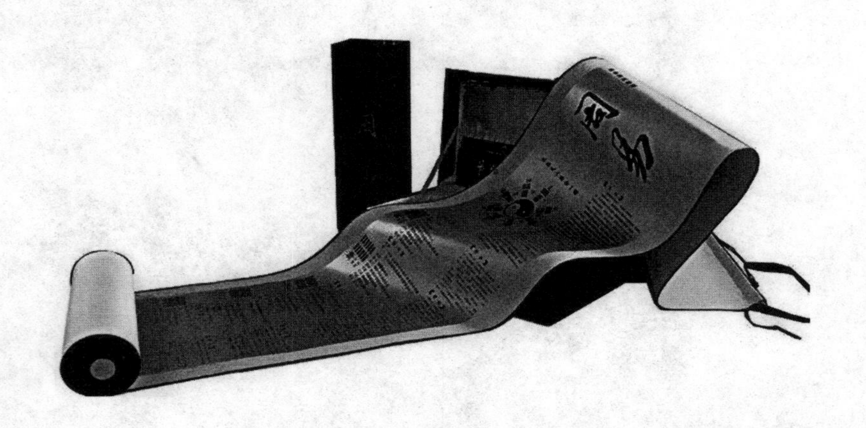

海上产生了无穷的力量和影响。

然而，我们祖先的成就远不止这些，在天文历法方面也同样有辉煌的成就，特别是以甲、乙、丙、丁、戊、己、庚、辛、壬、癸十个天干和子、丑、寅、卯、辰、巳、午、未、申、酉、戌、亥十二地支组合构成六十甲子周期表就是其中极有价值的一部分。甲子周期表为历代各种不同历法的发展、变革提供了一个连续不断、无限延

伸的参考系列，可以说六十甲子用它的变化撑起了中华民族五千年的辉煌大厦。

天干地支是我国特有的文化遗产，属于我国传统文化中天文、历法和年代学范畴。作为文化遗产，天干地支至今还在当代的历法中和年代学中被应用着。

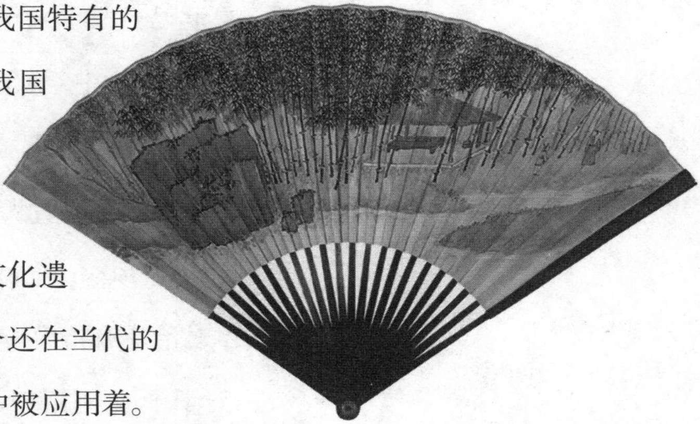

此外，天干地支在民俗文化上，在中医学上，更是大显身手。

民俗学包括占卜术、风水术、星象术、择吉术等，大多和天干地支知识有关系。有的以干支作为判定吉凶宜忌的准则，如占卜天气的农谚就有“甲子雷鸣蝗虫多”“立冬之日怕逢壬”。前者是说甲子日打雷会闹蝗灾，后者是说立冬节气那天逢壬不好。唐朝以前，民间常以干支为准则确定一些禁忌之日，如以天干为准的就有“丁不剃头”“己不伐树”“酉不会客”等。

我国的中医学源远流长，从《黄帝内经》算起已有三千来年的历史了。在中医学的基础理论中，子午流注针灸法等都融进了天干地支知识。《黄帝内经》里说：“以春甲乙伤于风者为肝风，以夏丙丁伤于风者为心风……”将病症和干支结合起来，对治疗有指导作用。

天干地支还用于成语中，如“付诸丙丁”指把东西放在火中烧掉了，在五行中，丙丁对应火；“丁卯不乐”指逢丁之日和逢卯之日不奏乐，表示哀悼；“寅吃卯

粮”比喻入不敷出，预先支付了以后的收入。

人们平时习惯于用甲乙丙丁表示等级，可以指质量，也可以指成绩等。人们在签订合同、协议书时也习惯于用甲方、乙方，甚至丙方。

干支已经深入人们的生活之中，再也离不开了。

最近，世界各国科学家经过认真研究，公认天干地支具有预测预报功能，是包括天灾在内的预测预报的重要手段之一。

天干地支不仅用于纪时，在漫长的历史长河中，它还被中华民族广泛地应用于预测之中。在远古时代，中医就运用天干来预测疾病的发展趋势，如说肝病甚于庚辛，愈于丙丁；肺病甚于丙丁，愈于壬癸；心病甚于壬癸，愈于戊己。

天干地支具有的预测功能，经过我们祖先的长期运用，有非常高的准确度。它有可能蕴藏着宇宙的秘密信息，蕴藏着气候变化的秘密程序，蕴藏着人类生命的神秘密码，蕴藏着事物发展的神奇节奏。如果天干地支不蕴藏着这些人类未知的秘密，又怎能用于准确的预测呢？

当然，天干地支曾被蒙上一层神秘的面纱，用于迷信占卜。我们要发掘其科学部分加以弘扬，为历法改革和人类预测服务，为人类造福。

二、有关干支的传说

（一）十个太阳值日，十二个月亮值月

关于天干地支的由来有两种截然不同的说法。有人说是黄帝让他的大臣创造的，有人说干支的出现和古人对太阳和月亮运行周期的认识有关。

东汉大学者蔡邕说黄帝的大臣大挠创造了干支，其后的一些典籍就随之附

和，于是大挠创造干支的说法便流传下来。此说和仓颉造字之说同样经不起推敲，是不符合真实历史的。

经过学者对有关文献、出土文物等多方面考证，认为大挠创造干支只不过是一种神话传说而已，实际上干支不可能仅仅靠一个人在短期内创造出来，并为人们普遍接受。干支是我们祖先在远古时代经长期生产生活实践后逐渐总结出来的一种表述时间的方法。

十天干的产生和十个太阳的传说有关，《山海经·大荒南经》说帝喾的妻子羲和生了十个太阳，九个太阳住在下面的树枝上，一个太阳住在上面的树枝上。这是说十个太阳同住在一棵大树上，每天轮流值日，住在上面树枝上的就是值日的太阳。十个太阳轮流一周就是十天，也就是一旬，现在仍有上旬、中旬、下旬之说。为有所区别，就给十个太阳分别命名甲、乙、丙、丁、戊、己、庚、辛、壬、癸。于是，十天干出现了。

在原始时代，我们的祖先体验到了寒暑交替的循环往复，以野草绿了一次为一年。如果问一个人几岁了，他总是回答说几草了。例如：一个人二十岁了，就说二十草了。

后来，我们祖先发现月亮盈亏周期可以用来衡量一年的长短，发现十二次月圆为一年。这一发现是我们祖先最伟大的成果之一，一年即一岁。这时，当问一个人多大了，他就会回答说多少岁了，不再说多少草了。

古人认为一年有十二个月亮值班，一个月亮主管一个月。人们给每个月值班的月亮都起了名字，第一个月的月亮称子月，第二个月的月亮称丑月，依次为寅月、卯月、辰月、巳月、午月、未月、申月、酉月、戌月、亥月。于是，十二地支也出现了。

（二）十男和十二女

近年，学者在神农架地区发现了汉族创世史诗《黑暗传》，其中讲到了干支的来历：

开天辟地时，玄黄神骑着混沌兽遨游，遇到了女娲。

女娲身边有两个肉包，大肉包里有十个男子，小肉包里有十二个女子。玄黄神说："这十男和十二女是天干神和地支神，是来治理乾坤的。"

于是，女娲为他们分别取名，男的分别叫甲、乙、丙、丁、戊、己、庚、辛、壬、癸；女的分别叫子、丑、寅、卯、辰、巳、午、未、申、酉、戌、亥。男的统称天干，女的统称地支，让他们配夫妻，合阴阳，不久便生出了六十个孩子，即六十甲子。

（三）十二生肖

我们祖先将一昼夜分为十二个时辰，并用十二地支称呼他们。每个时辰相当于两个小时，现在称之为大时。这十二时即子、丑、寅、卯、辰、巳、午、未、申、酉、戌、亥。

后来，人们发现每个时辰里都有一种动物最为活跃，于是便开始用动物指代时辰了：

夜晚十一时到凌晨一时是子时，此时老鼠最为活跃，老鼠代表智慧。

凌晨一时到三时是丑时，此时牛正在反刍，养足体力准备耕田，牛代表勤奋。

三时到五时是寅时，此时老虎到处觅食，最为凶猛，老虎代表勇猛。

五时到七时为卯时，这时兔子开始出来觅食，天上的兔子也在忙于捣药，兔子代表谨慎。

七时到九时为辰时，这正是神龙行雨的好时光，龙代表仁勇。

九时到十一时为巳时，此时蛇开始活跃起来，蛇代表柔韧。

上午十一时到下午一时为午时，正是马跑最快的时候，马代表勇往直前。

下午一时到三时是未时，羊在这时吃草正香，长得更壮了，羊代表和顺。

下午三时到五时为申时，这时猴子活跃起来，不停地啼叫，猴子代表灵活。

五时到七时为酉时，夜幕降临，鸡开始归窝，鸡代表恒定。

晚上七时到九时为戌时，狗开始守夜，狗代表忠诚。

晚上九时到十一时为亥时，此时万籁俱寂，猪正在鼾睡，养得膘肥体壮，猪代表随和。

生肖传至今日，深入人心。后来，人们用干支纪年时，也用十二生肖代指不同的年份了。

三、有关干支的史事

（一）天干用作帝王之名

我们祖先曾将天干用于人名，最早曾用于帝王之名。

我国第九个五年计划的重点科研项目夏商周断代工程确定夏朝约相当于公元前2070年—公元前1600年，商朝约相当于公元前1600年—公元前1046年。这两个朝代的帝王有的是以天干命名的，不是根据其出生日定的，就是根据其去世日定的。其实，用天干命名在当时类似间接的纪日法。其中，夏朝的亡国之君夏桀名为履癸，商朝的开国之君商汤名为太乙。

夏、商之后，随着人口繁衍，文化发达，名字也开始复杂了，大多以姓氏为依据，以天干命名的习俗逐渐被淘汰了。

（二）甲子日武王伐纣

三千多年前，周武王经过四年的准备和练兵后，联合西南的庸、蜀、羌、微、卢、彭、濮等部向商王朝发起进攻。周武王的军队行至牧野时，举行讨伐商纣王的誓师大会，历数商纣王的罪状。商纣王闻讯，匆忙发兵抵抗。两军一交手，商军士兵纷纷倒戈，周军占领商朝的都城朝歌，商纣王自焚而死，商朝灭亡了。

灭商后，周武王被推为天下共主，建立了周朝。周武王伐纣，一战击溃商朝大军，这一战是开创周朝八百年的重要战役。这场战役究竟发生在哪一天？人们都很关心这件事。

利簋帮助人们解决了这一难题。利簋铭文中有“珷征商”字样，又被称为“武王征商簋”。簋是古代的盛食具，相当于现代的碗。因铸簋的人名叫利，所以称为“利簋”。利簋于1976年出土于陕西临潼县零口镇，现藏于中国国家博物馆。利簋通高28厘米，口径22厘米，重7.95千克。簋腹腹内底部的铭文有重要的史料价值，铭文4行32字：“武王征商，唯甲子朝，岁鼎，克昏夙有商，辛未，王在阑师，赐有事利

金，用作檀公宝尊彝。”译文大意是：武王征伐商国，甲子日早上，岁祭，占卜，能克，传闻各部军队，早上占有了朝歌，辛未那天，武王的军队在阑驻扎，赏赐右史利铜，用作檀公宝尊彝。

利得到铜后，觉得很荣耀，就用铜铸造宝器来纪念周武王伐纣这件事。据此，人们知道周武王于甲子这天伐商。

江晓原教授根据史书上的天象记载，运用电脑及现代天文学，考订出周武王伐纣的正确日期。公元前1045年12月4日，周武王率军出发；公元前1044年1月3日，周武王的军队渡过孟津；公元前1044年1月9日，周武王军队与商朝军队在牧野决战并获得决定性的胜利。

这项重要的学术研究成果不仅使周武王伐纣这一重大历史事件的时间坐标得到了明确的定位，而且为商周两朝的断代提供了一个至关重要的基点。

（三）庚戌年孔子降生

孔子的生年历来未能确定。唐代司马贞曾感叹道："《经》《传》生年不定，致使孔子寿数不明。"

20世纪，我国出现了几种不同的孔子诞辰，各执一端，使得各处的纪念活动无法统一。

《春秋公羊传》说："（襄公）二十有一年，……九月庚戌朔，日有食之。冬十月庚辰朔，日有食之。……十有一月，庚子，孔子生。"

《春秋谷梁传》说："（襄公）二十有一年，……九月庚戌朔，日有食之。冬十月庚辰朔，日有食之。……庚子，孔子生。"

这两部书都说孔子出生于鲁襄公二十一年，即公元前551年；又都明确记载

了孔子出生日的纪日干支是庚子；不同的是一为十一月，一为十月。

幸运的是《春秋公羊传》和《春秋谷梁传》在孔子出生这一年中都记载了日食，这是人们解决问题的天文学依据。日食是极罕见的天象，同时又是可以用于精确的回推的。《春秋》242年中，记录日食共37次，用现代天体力学方法回推验证，鲁襄公二十一年在曲阜确实可以见到一次日偏食，这就与“九月庚戌朔，日有食之”的记载完全吻合。而在次年，即鲁襄公二十二年，没有任何日食。

我国学者运用现代天文学方法，推算出我国古代伟大的思想家、教育家孔子出生于公元前551年10月9日。

孔子一生整理了几部我国古代重要典籍，有《诗经》《尚书》《春秋》等。《诗经》是我国最早的一部诗歌总集，共收集西周、春秋时期的诗歌305篇，其中很多是反映古代社会生活的民间歌谣，在我国文学史上占有很重要的地位。《尚书》是一部我国上古历史文献的汇编，有重要的历史价值。《春秋》是根据鲁国史料编成的一部历史书，它记载着公元前722年到公元前481年约242年间的大事，宣传王道思想，是中国最早的编年体史书。

孔子死后，他的弟子继续传授他的学说，渐渐形成了一个儒家学派，孔子成了儒家学派的创始人。

孔子的学术思想对后世影响极大，影响了我国两千多年来的历史。他提倡的仁爱思想已经成了中华民族精神文明的核心，至今对和谐社会的建设仍有积极作用。

(四) 庚寅日屈原降生

农历五月初五是中国民间的传统节日端午节，它是中华民族古老的传统节日之一。端午也称端五和端阳。此外，端午节还有许多别称，如午日节、重五节、五月节、浴兰节、女儿节、天中节、地腊节、诗人节、龙日等等。虽然名称不同，但各地人民过节的习俗还是大同小异的。

过端午节是中国人两千多年来的传统习惯，其内容主要有女儿回娘家，挂

钟馗像，迎鬼船、躲午，贴午叶符，悬挂菖蒲、艾草，佩香囊，赛龙舟，比武，击球，荡秋千，给小孩涂雄黄，饮用雄黄酒、菖蒲酒，吃五毒饼、咸蛋、粽子和时令鲜果等。

屈原死于农历五月初五，那么他出生于哪一天呢？

屈原在他的著名作品《离骚》中说："摄提贞于孟陬兮，惟庚寅吾以降。"这句是说太岁星逢寅的那年正月，又是庚寅的日子，我降生了。这两句话说明这一年是寅年；孟是始，陬是正月，夏历以建寅之月为岁首，说明这年正月是寅月；庚寅则说明这一天是寅日。屈原出生在寅年寅月寅日，巧得很，一共三个寅，这可是个好日子。

屈原不但生日好，人也好。

屈原出身贵族，知识渊博，通晓治国

之术，熟悉外交辞令。学成后出任楚国三闾大夫，在内与楚怀王商讨国事，发号施令；对外则接待宾客，应酬诸侯，为国家作出了很大的贡献。后来，楚怀王听了小人的谗言，渐渐疏远屈原，并将他流放了。

屈原见楚怀王不能明辨是非，竟被谗言蒙蔽，让邪恶的小人为非作歹，以致君子不为朝廷所容，因此十分苦闷，便挥毫写了一篇长诗《离骚》，抒发了自己内心的情感。

《离骚》长达数千言，汪洋恣肆，无

所不包。文中列举的事例虽然浅近，但含义却十分深远。屈原志趣高洁，行为廉正，远离污泥浊水，游于尘世之外，不与小人同流合污。屈原的高尚品德可与日月争辉，与天地同在。

不久，屈原在流放途中听说秦军灭了楚国。他不肯做亡国奴，怀着万分沉痛的心情，写了一篇《怀沙》赋后，抱着石头投汨罗江自杀而死。

屈原的爱国精神一直活在华夏人民的心里，他的作品《离骚》不仅是中国文学的经典之作，也是世界文学的瑰宝。

（五）汉章帝推行干支纪年

汉章帝生于光武帝建武中元二年（57年），是汉明帝的第五个儿子。

汉章帝的生母是马皇后的同母异父的姐姐贾贵人。因为马皇后没有孩子，汉章帝从小由马皇后抚养，后来被立为太子。

汉章帝从小就很厚道，爱好学习，人又极其聪明。他尤其喜欢儒家学说，凡是儒家经典他都能背诵。

汉明帝驾崩后，刘炟即位，时年19

岁。

汉章帝即位的第二年，中原和东方一带发生了严重的旱灾，赤地千里，饿殍遍地。汉章帝急得如坐针毡，下令说：“快将仓库打开，将粮食发给灾民！”听说粮食发下去了，他才安下心来召集大臣商量对策。大臣们纷纷进言，司徒鲍昱说：“天降旱灾，是由于阴阳失调。陛下首先要赦免流放的刑徒和关在监狱中的人。”尚书陈宠也上书说：“治国如同调琴一样，弦太紧会断，刑太重百姓会不满的。因此，陛下一定要减轻刑罚。”汉章帝听取了他们的建议，立即大赦天下。这样，社会矛盾立即缓和，社会秩序也安定了。官民共同努力，渡过了天灾造成的难

关。

汉章帝即位后，特别重视农业生产。一天，他带大臣们出巡，看见农民正在忙着种田，他也按捺不住了，竟亲自到地里去耕田。这事传开后，见皇上尚且如此重视农业生产，百姓都安心种田了。

汉章帝常说："王者八政，以食为本。"他命令各级官府说："不得无故扰民，不得影响春耕和播种。要动员流民回乡，安心种田。凡是愿意回乡的流民，一路上由官府给予照顾。”为了让农民集中精力种田，他轻徭薄赋，减轻了农民负担。

在汉章帝的督促下，各级官府都大抓农业生产。因此，汉章帝在位期间，经济大为发展，被称为东汉盛世。

汉章帝建初八年（83年），校书郎杨终上书说：“天下太平，国家无事，陛下应该注重文教，整理五经。自从武帝独尊儒术以来，解释经书的人各持己见，众说纷纭，莫衷一是，造成了学术上的混乱，

往往离题千里，不合圣人微旨。请陛下仿照宣帝召集名儒于石渠阁讲经的盛事，给五经做出正确的解释，为后世留下范本。”汉章帝对杨终的建议十分赞许。他从小爱读五经，对于五经的不同解释早就不满。于是，他召集全国名儒，到洛阳北宫的白虎观中开会，对五经逐条做出解释，最后由他裁决，定出正确的解释。散会后，汉章帝命班固将正确的解释整理成书，取名《白虎通德论》，简称《白虎通》或《白虎通义》。

过去五经解释烦琐，歧义百出。白虎观会议之后，五经有了皇帝认可的权威解释，为中华民族的文化发展作出了巨大的贡献。

汉章帝还有一项巨大的贡献，那就是影响千古的干支纪年。

汉章帝元和二年（85年），下令在全国推行干支纪年，以当年为乙酉年。

从乙酉年（85年）至今，近两千年来从未间断过，也从未错乱过，排列有序，历历可查，无论对国家经济还是国家政治都是大有好处的。尤其在核对史实年代方面，更是大有裨益。

干支纪年以立春作为一年的开始，不是以农历正月初一作为一年的开始。例如，1984年是甲子年，但严格来讲，当年的甲子年是自1984年立春起，至1985年立春止。

（六）“岁在甲子天下大吉”

东汉建立后，豪强地主在政治和

经济上都享有很多特权。光武帝统一全国后，大封亲戚、功臣为王侯。每个王侯都得到了大量的封地，有的多达四县到六县的土地。如济南王刘康一人就占有私田八万亩、奴婢一千四百人、骏马一千二百匹，整天过着花天酒地的生活。

除贵族外，从中央到地方，各级官吏都由豪强地主子弟担任，形成世袭的官僚集团，称霸一方，欺压百姓。

地主建立起拥有大量土地的庄园，每个庄园都是一个独立王国，以农业为主，也有手工业和畜牧业。庄园主强迫贫困破产的农民做农奴，让他们长年在庄园里劳动，不许随便离开。这些农奴被称为“徒附”。徒附在地主的控制下种植谷物、蔬菜、桑麻，还养蚕、织帛、缝衣、酿酒、制糖，他们还给主人养马、放牛、喂猪，替地主生产生活必需品和消费品。徒附虽然整年辛勤劳动，但吃不饱，穿不暖，死后连葬身之地都没有。徒附的妻子儿女也要被迫成为徒附，受地主的压迫和奴役。地主控制下的徒附不能在户籍上登记。一个地主往往控制着上万家徒附，占有亿万财富，过着穷奢极欲的生活。

汉灵帝养了许多狗，狗的头上都戴着官帽，身上还缠着彩带。汉灵帝为了搜刮更多的钱财，竟公开卖官鬻爵。他在西园设立“卖官所”，标出各级官衔的价目，公的价目是一千万，卿的价目是五百万，现钱交易，也可以赊欠，到任以后再加倍交款。此风一开，老百姓又一次遭到灾难性的掠夺。花钱买官的官吏上任后拼命敲榨百姓，不仅要捞回买官的本钱，还要搜刮十倍百倍的钱财中饱私囊。

朝廷腐败，地主豪强如狼似虎，再加上接二连三的天灾，逼得老百姓再也活不下去了，只得纷纷起来造反。巨鹿郡有兄弟三人，老大张角，老二张宝，老三张梁，都挺有本事。张角懂得医术，为穷人治病从不收钱，穷人都很尊敬他。张角知道农民受地主豪强的压迫和天灾的折磨，都盼望出现一个太平世界，好过上安乐的日子。于是他创立了一个教门叫太平道，利用宗教把群众组织起来。他还收了一些弟子，跟他一起传教。张角派他的兄弟张宝、张梁和弟子周游各地，一面治病，一面传教，相信太平道的人越来越多了。大约花了十年工夫，太平道传遍了全国，各地的教徒发展到几十万人。

当时，地方官认为太平道劝人为善，为人治病，因此谁也没有认真过问。朝廷里有一两个大臣看出苗头，奏请汉灵帝下令禁止太平道。汉灵帝正忙着建造林园，根本不把太平道放在心上。张角把全国几十万教徒组织起来，分为三十六方，大方一万多人，小方六七千人，每方推举一个首领，由张角统一指挥。张角和三十六方首领约定，于“甲子”年（184年）三月初五，在京城和全国同时起义，口号是“苍天已死，黄天当立；岁在甲子，天下大吉”。

“苍天”指东

汉王朝，“黄天”指太平道。张角暗暗派人用白粉在洛阳的寺庙和各州郡的官府大门写上“甲子”二字，作为起义的暗号。

不料，在离起义还有一个多月的紧要关头，起义军内部的叛徒向朝廷告了密。朝廷立刻在洛阳搜查，将在洛阳做联络工作的太平道领袖马元义逮捕斩首，和太平道有联系的一千多人也惨遭杀害。形势突变，张角当机立断，决定提前一个月起义。张角自称天公将军，称张宝为地公将军，张梁为人公将军。三十六方的教徒接到张角的命令后，立即同时起义了。起义队伍人人头裹黄巾作为标志，人称“黄巾军”。黄巾军攻打郡县，火烧官府，惩办官吏和地主豪强；打开监狱，释放囚犯；没收官家的财物，开仓放粮。不到十天，全国纷纷响应。起义军从四面八方涌

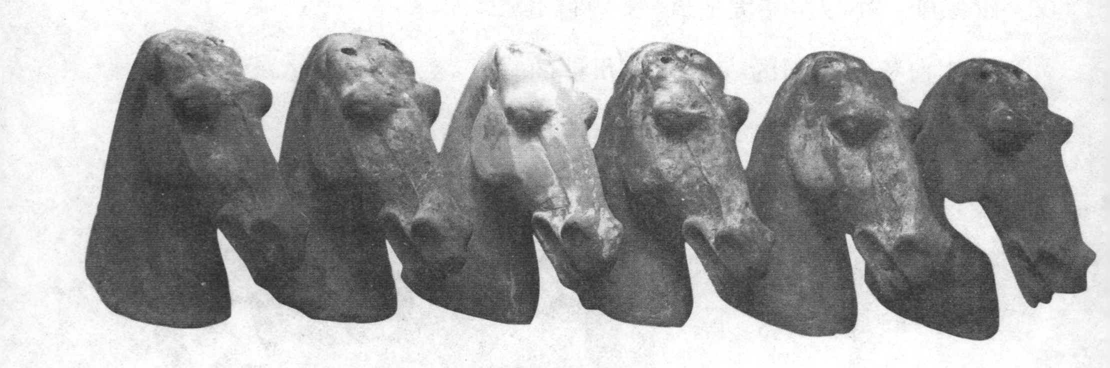

向京都洛阳，各郡县的告急文书像雪片一样飞向朝廷。汉灵帝这才慌了，忙召集大臣商量对策。汉灵帝拜国舅何进为大将军，同时派出大批人马，由皇甫嵩、朱儁、卢植率领，分两路前去镇压黄巾军。

黄巾军声势浩大，像黄河决口一样，官军哪里抵抗得了。大将军何进不得不奏请汉灵帝下了一道诏书，吩咐各州郡招兵对付黄巾军。于是，各地的宗室贵族、州郡长官、地主豪强都借着打黄巾军的名义招兵买马，抢夺地盘，扩张势力，拥兵自重，把整个国家搞得四分五裂。黄巾军坚持了九个月的苦战，终于被东汉朝廷和各地地主豪强的军队血腥镇压下去。在紧张战斗的关键时刻，黄巾军领袖张角不幸病死。张梁、张宝继续带领将士和官军进行殊死搏斗，先后牺牲。起义虽然失败了，但是化整为零的黄巾军一直坚持战斗了二十年。

经过这场暴风骤雨般的大起义，东汉王朝的腐朽统治受到了致命的打击，从此一蹶不振了。

（七）甲午战争

中日甲午战争是1894年7月末至1895年4月日本侵略中国和朝鲜的战争。战争

爆发的1894年（光绪二十年）按中国干支纪年是甲午年，故称甲午战争。

1894年春，清朝附属国朝鲜爆发了东学党起义，朝鲜政府请清政府出兵帮助镇压。日本政府表示对中国出兵绝无他意，但当清军入朝时，日本也派大军入朝，于7月25日突袭中国北洋舰队，挑起中日甲午战争。

战争打响后，两国海军进行了黄海大战，中国战败。陆上，日军从朝鲜打到奉天（今辽宁沈阳市），占领了大片领土。1895年初，日军又侵占山东威海。

清政府无力抗战，一再求和，最后派直隶总督李鸿章为头等全权大臣前往日本马关，与日本全权代表、总理大臣伊藤博文和外务大臣陆奥宗光议和。

4月1日，日方提出了十分苛刻的议和条款，李鸿章乞求降低条件。10日，日方提出最后修正案，要中方明确表示是否接受，不许再讨论。在日本威逼下，清廷只得接受。4月17日，李鸿章代表清廷签订了丧权辱国的《马关条约》。

《马关条约》又称《春帆楼条约》，共11款，主要内容有：①中国承认朝鲜“完全无缺之独立自主国”（实则承认日本对朝鲜的控制）；②中国将辽东半岛、台湾岛及所有附属各岛屿、澎湖列岛割让给日本；③中国赔偿日本军费白银两亿两；④开放沙市、重庆、苏州、杭州四地为通商口岸，日本政府的派遣领事官在以上各口岸驻扎，日本轮船可驶入以上各口岸搭客装货；⑤日本臣民可在中国通商口岸城市任便从事各项工艺制造，将各项机器任便装运进口，其产品免征一切杂税，享有在内地设栈存货的便利；⑥日本军队暂行占领威海卫，由中国政府每年付占领费库平银五十万两，在未经交清末次赔款之前日本不撤退占领军；⑦本约批准互换之后，两国将战俘尽数交还，中国政府不得处分战俘中的降敌分子，立即释放在押的为日本军队效劳的间谍分子，并一概赦免在战争中为日本军队服务的汉奸分子，免予追究。

《马关条约》是继《南京条约》之后最严重的不平等条约，它给近代中国社会带来严重的危害，是帝国主义变中国为半殖民地半封建社会的一个

重要的步骤，又一次把中华民族带入了灾难的深渊。

（八）戊戌变法

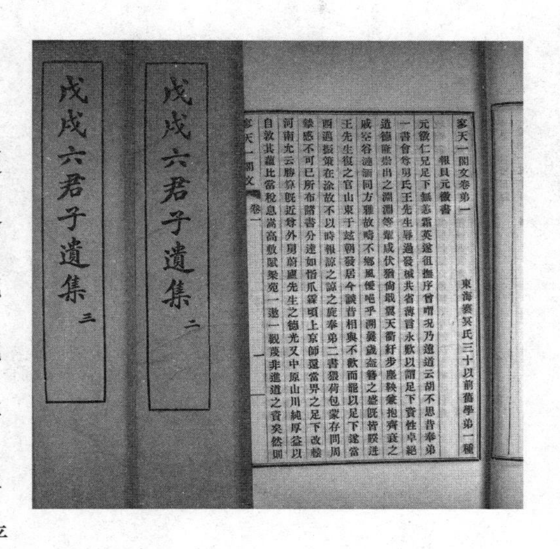

1895年4月，日本逼清政府签订了《马关条约》。这一消息传到北京后，康有为发动在北京应试的一千三百多名举人联名上书光绪皇帝，痛陈民族危亡的严峻形势，提出变法维新的主张。

在维新人士的积极推动下，1898年6月11日，光绪皇帝颁布“明定国是”诏书，宣布变法。新政从此开始，历时103天，史称“百日维新”。因这一年在中国干支纪年中是戊戌年，所以也称戊戌维新或戊戌变法。

在此期间，光绪皇帝根据康有为等

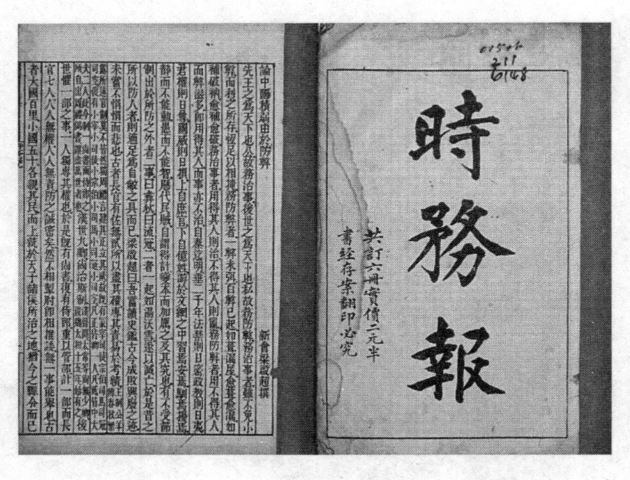
論中國積弱由於防弊

新會梁啟超撰

時務報

共訂六冊實價二元半

書經存案翻印必究

人的建议，颁布了一系列变法诏书和谕令，主要内容如下：经济上，设立农工商局、路矿总局，提倡开办实业；修筑铁路，开采矿藏；组织商会，改革财政。政治上，广开言路，允许官民上书言事。军事上，裁汰绿营，编练新军。文化上，废八股，兴西学；创办京师大学堂；设译书局，派留学生；奖励科学著作和发明。

这些革新政令目的在于学习西方文化、科学技术和经营管理制度，发展资本主义，建立君主立宪政体，使国家富强起来。

维新运动时期，各地创办了不少社会风俗改良团体，如不缠足会、戒鸦片烟会、延年会等，动员群众改变恶风陋习。维新派把移风易俗的措施，通过新政法令的形式，以光绪皇帝的名义公布于全国。例如：凡民间祠庙不在典册者，由地方官改为学堂，以便达到废淫祠、开民智的目的。乡试、会试及童生各试，过去用四书的一律改试策论，一切考试均不用五言八韵诗，以讲求实学实效为主，不凭借楷书之优劣分高下。准许满人经营商业，改变满人的寄生习俗。

由于维新人士在当局的支持下做了大量工作，一些过去不敢想、不能做的事情，如女子放足、女子上学等渐渐形成潮流。与欧美同俗、断发易服、废跪拜礼等

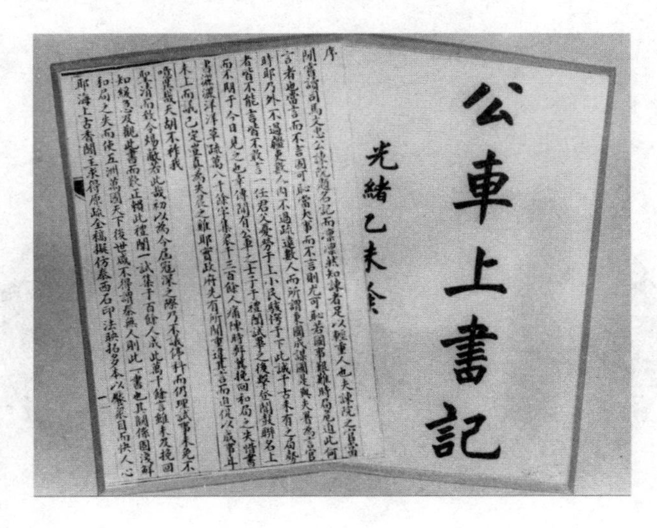
公車上書記

光緒乙未

在当时看来是极其荒唐的主张也正式向清廷提出来，甚至鼓动得光绪皇帝也动了心，想要换掉满族服装，废掉跪拜大礼。所有这些都为移风易俗作出了巨大贡献，是功不可没的。

这些改革措施代表了新兴资产阶级的利益，为封建顽固势力所不容。慈禧太后为代表的守旧派发动政变，使变法仅维持一百多天便夭折了。

戊戌维新运动失败后，光绪皇帝被慈禧太后软禁，一直到死，长达十年之久。

这样，清朝最后一次复兴希望也破灭了。

（九）庚子赔款

1900年在干支上是庚子年。

在这一年里，中国发生了两件大事：一是义和团运动蓬勃兴起，二是八国联军侵入北京。

义和团兴起于山东和河北交界地区，是在义和拳等民间反清秘密结社的基础上发展起来的反帝爱国群众组织。义和团成员有农民、手工业者和其他劳动群众，还有一些无业游民。当时，在山东一带，西洋教会的势力十分猖獗，欺压百姓，残害儿童，劳苦大众的反洋教斗争因而异常激烈。

甲午战争后，在帝国主义军事统治力量相对薄弱的鲁西北地区，群

众经过长期酝酿，奋起抗教，成了义和团反帝爱国运动的主要发源地。与此同时，河北人民也不断反抗教会的欺压，参加斗争的群众越来越多，直鲁交界地区和河北南部很快也出现了义和团，不断攻打教堂。义和团提出了许多反帝口号，如“扶保中华，逐去外洋”“扶清灭洋，替天行道”“兴清灭教”和“洋人可灭”等。

1900年，义和团焚烧丰台火车站的消息与京津铁路轨道被拆毁的谣言传到了北京外国公使居住的东交民巷。各国公使闻讯，认为形势紧急，立即举行会议。会上，各国公使一致同意调军队前来保护使馆。次日，驶抵大沽口外的外国舰队先后接到进京的电报，立即由海河乘船抵达天津，准备向北京进犯。七月二十日，八国联军侵入北京，开始洗劫北京城。

这时，挟持光绪皇帝逃到西安的慈禧太后竟下令清军铲除义和团，并不顾羞耻，请八国联军帮助剿匪。1901年，英

国、俄国、德国、美国、日本等11国强迫清廷签订《辛丑条约》，将清廷置于列强控制之下。从此，中国沦为半殖民地半封建社会。

《辛丑条约》规定，中国从海关关税中拿出四亿五千万两白银赔偿各国，并以各国货币汇率结算，按4%的年息，分39年还清。这笔钱史称“庚子赔款”，西方人称为“拳乱赔款”。

五年后，美国伊里诺大学校长詹姆士给罗斯福的一份备忘录中说：“哪一个国

家能够教育这一代中国青年人，哪一个国家就能由于这方面所支付的努力，而在精神和商业上取回最大的收获。”

1908年5月25日，美国国会通过罗斯福的咨文。同年7月11日，美国驻华公使柔克义向中国政府正式声明，将美国所得“庚子赔款”的半数退还给中国，作为资助留美学生之用。

1908年10月28日，中美两国草拟了派遣留美学生规程：自退款的第一年起，清政府在最初的4年内，每年至少应派留美学生100人。如果到第4年就派足了400人，则自第5年起，每年至少要派50人赴美，直到退款用完为止。被派遣的学生

必须是“身体强壮，性情纯正，相貌完全，身家清白，恰当年龄”，中文程度须能作文及有文学和历史知识，英文程度能直接入美国大学和专门学校听讲，并规定留学生应有80%学农业、机械工程、矿业、物理、化学、铁路工程、银行等，其余20%学法律、政治、财经、师范等。

同时，中美双方还商定，在北京由清政府外务部负责建立一所留美训练学校。于是，清廷于1909年6月在北京设立了游美学务处，这就是清华大学的雏形。1909年8月，清廷内务府将皇室赐园清华园拨给学务处，作为游美肄业馆的馆址，学务处在史家胡同招考了第一批学生，从630名考生中录取了47人，于10月份赴美。

这就是利用庚子赔款派学生留美的由来。

1910年8月，学务处又举行了第二次招考。400多人应考，最后录取了70人。在这第二批留美学生中，有大名鼎鼎的胡适，还有语言学家赵元任、气象学家竺可桢等。

美国的退款产生了极大的国际影响。第一次世界大战爆发后，北京政府于1917年8月对德奥宣战，并停付赔款。大战结束后，各国都表示愿与中国友好，以便用和平的办法维护和扩张其在华利益。他们纷纷紧步美国的后尘，陆续放弃或退回了庚子赔款。

这笔退款被广泛地应用到中国的教育文化事业和实业中，只有日本分文不退，利用这笔钱大力发展军事工业，为侵略做准备。

四、有关干支的故事

(一) 上巳节

西方有情人节，我们中国早就有自己的情人节了，这就是距今已有数千年历史的上巳节。

我们的祖先用天干地支纪日，逢巳之日称巳日。农历三月第一个巳日谓之上巳，而这个日子就是我国古代的情人节。

上巳节起源于上古时期，是由人们对

主管婚姻和生育的女神高禖的祭祀活动演变而成的。高禖又称郊禖，因供于郊外而得名。禖同“媒”，是主管男女婚配和生育的一位女神。

农历三月上巳日正是春暖花开、草木繁茂的日子，未婚男女于此日踏青，祭祀高禖女神。他们借此机会谈情说爱，互赠情物，私定终身。这天，未婚男女即使野合也不违法。

西周时，周王对上巳节的活动有了明确的规定：三月上巳之日，未婚男女都要到郊外河边去相会，自定终身。如果有人待在家中不去参加，要受到朝廷的处罚。

失夫丧妻的孤男寡女也要去相会，再婚再配。西周时，上巳节的活动是在周天子指定的女性神职人员安排下进行的，鼓励男女自主择偶。这同国家鼓励生育，增加人口有关。

后来，随着历史的不断发展，上巳节的内容有了变化，成了男女老少人人参加的踏青春游节日，其中还增加了水滨饮酒、祓除不祥等内容。

（二）甲子生和丙子生

宋高宗对饭菜很讲究，经常指责御厨手艺不好。有一天，宋高宗吃馄饨时发

现没有煮熟，便大发雷霆，把做馄饨的厨师赶出皇宫，让他到大理寺当打杂的小工去了。

不久，宋高宗要看艺人表演。领班的艺人班头常出入皇宫，知道宋高宗处罚御厨的事，心里有些不平。他想为那个御厨说情，便在天干地支方面做起文章来，编了些戏剧情节教给两位演员。

宋高宗入场就座后，两位演员登台表演。他俩相互道好之后又互问年龄，一个说 “甲子生”，一个说“丙子生”。这是说一个甲子年出生，一个丙子年出

生。

这时，班头走近宋高宗身边说："这两个艺人也应该到大理寺去打杂。"

宋高宗不解其意，问道："为什么?"

班头回答说："他俩一个把甲子（这里指的是一种食品）做生了，一个把饼子（丙子）做生了，应该和把馄饨煮生的御厨同罪呀!"

宋高宗听他解释后明白了话中之意，大笑不止。看戏后，宋高宗赦免了那个没把馄饨煮熟的御厨，让他重新回到了御膳房。

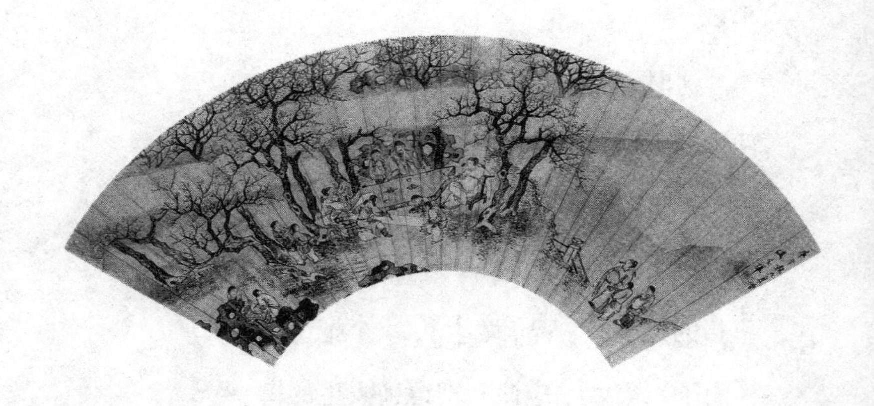

（三）子午谷

于谦是我国明代著名的文人，曾任兵部尚书。于谦从小勤奋好学，读书过目成诵，对句出口成章。

有一年清明节，于谦和家里长辈去祭扫祖坟。当他们路过一个叫凤凰台的地方时，他的叔父想考一考他，便出了一个上联要他对："今朝同上凤凰台。"于谦略一思索，应声答道："他年独占麒麟阁。"此联一出，大人们惊喜万分。因为于谦不仅对得快，而且表现出崇高的志向，怎能不叫长辈高兴呢?

后来，他们又路过一个石牌坊，只见上面写着三个字："癸辛街"。于谦的叔父又对于谦说："这三个字的地名，倒有两个字属于干支的，要用一个地名来对，恐怕不易吧？"不料于谦回答说："易是不易，但也能对，可用《三国演义》中的'子午谷'三个字来对。这个地名也是三个字中有两个字是属于干支的。"在场的人听了都惊叹不已，都夸于谦才思敏捷，将来必成大器。

子午谷在陕西长安县南，是关中通往汉中的一条山中谷道，全长六百多里。

（四）乙亥

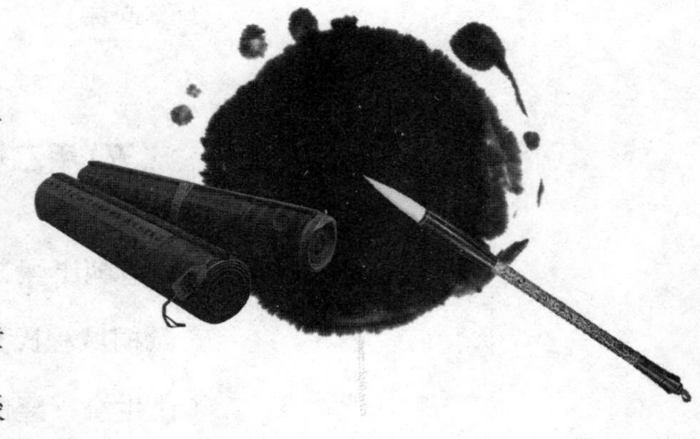

王完虚是明朝万历三十二年（1604年）进士，出任山东省邹平县县令。

有一天，他与邻县章丘县县令邂逅，相互攀谈

起来。

章丘县县令问王完虚是哪年出生的，王完虚回答道：“乙亥年。”

王完虚反问章丘县县令是哪年出生的，章丘县县令回答道：“也是乙亥年出生的。”

原来两个人是同一年生的，王完虚便对章丘县县令说：“我是邹平县的一害（乙亥），你老兄就是章丘县的一害（乙亥）啊！”

原来，“乙亥”和“一害”两字谐音，王完虚就此开了个玩笑。

章丘县县令一听此言，不由得哈哈大笑起来。

（五）甲乙号

清朝康熙二十五年（1686年）前后，安徽桐城程氏兄弟俩经营一家鞋店。为了让生意兴隆起来，兄弟俩屡请文人墨客为他们的鞋店题写店名，但对这些人所题的店名都不满意。

有一天，桐城派文学大师方苞路过程氏鞋店，兄弟俩对其久慕大名，特地请方苞给他们的鞋店命名。方苞沉吟片刻，提笔一挥而就，留下“甲乙号”三个大字。

方苞走后，程氏兄弟百思不得其解，不知“甲乙号”为何意。

过了一些天，大才子戴名世经过程氏鞋店，兄弟俩急忙出迎，求其解释店名的含义。戴氏微笑道：“你们二位莫不是鞋匠？”兄弟俩听后颇为惊奇，心想：“店号与做鞋有什么关系？”便顺势问道：“这‘甲乙号’与做鞋有关吗？”戴名世解释道：“甲的形状像

锥子，乙的形状像刀子。这二者不正是鞋匠必不可少的工具吗?”兄弟俩听后茅塞顿开，连声称赞道:“妙，实在是妙!”从此，方苞题字、戴名世释名及“甲乙号”的店名便流传开来，鞋店的生意也越来越兴隆了。

（六）“花甲重开”和“古稀双庆”

刘墉曾任乾隆皇帝的宰相，民间亲切地称他“刘罗锅”。由于他聪明过人，幽默风趣，深受乾隆皇帝的喜爱。跟纪晓岚一样，他也常常与乾隆皇帝一起吟诗作联，君臣共乐。

刘墉初进朝廷时，乾隆皇帝见其貌不扬，甚是不悦。但是作为一朝天子，又不想落个以貌取人的名声，便出了个上联要刘墉对:“十口心思，思家思民思社稷。”此联为析字联，第一句中

的前三字组合成一个“思”字，后一句又将思字反复运用三次，是个绝妙的上联。刘墉才思敏捷，立即对出下联：“寸身言谢，谢天谢地谢君主。”此联更妙，除了对仗工整，还隐含了自己是“寸身”的一介书生，能受皇帝重用，感谢之情表白得十分得体。乾隆皇帝听了下联，连连点头，但他仍想难为刘墉，便又出了一联：“只可叹，弯木难当顶梁柱。”刘罗锅不卑不亢，立即对出下联：“甚为喜，屈弓才可射天狼。”听到“天狼”二字，乾隆皇帝略显不快，急问“如何射”。刘墉胸有成竹，从容回答道：“割除朝廷弊政，查处天下贪官，拯救世上贫民，即为射天狼。”乾隆听罢颇为满意。

有一次，乾隆皇帝到杭州西湖游览时，在灵隐寺见到一位已经一百四十一岁的长寿老人。那天正是他的生辰，乾隆皇帝想给他写一副对联。但是，他又

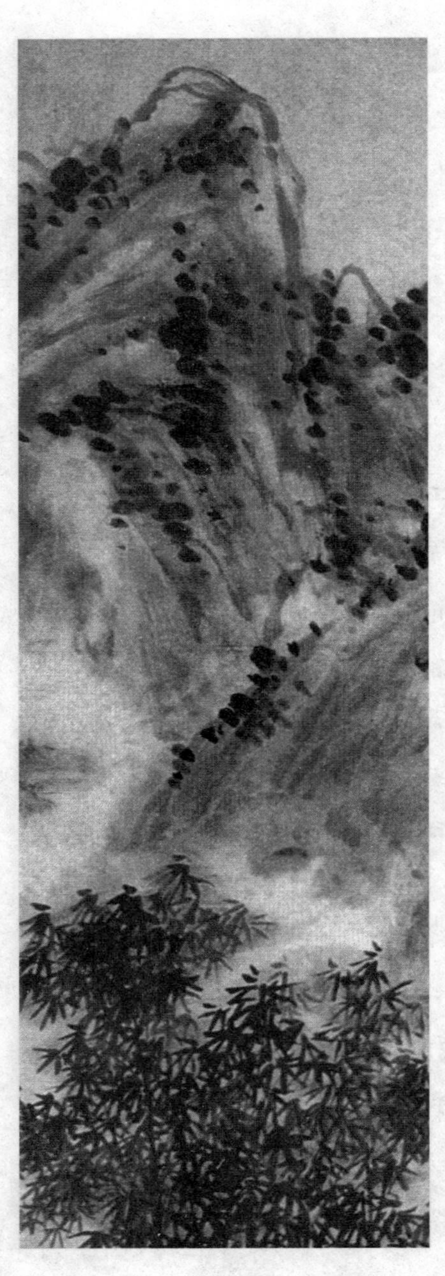

想考一考刘墉的才能，于是，他只写出了上联："花甲重开，外加三七岁月。"这个上联暗含老人的寿数。花甲指的是六十岁，因为民间用干支纪年法，一甲子就是六十年。花甲重开，指的是两个花甲，即一百二十岁，再加上三七二十一岁，就是一百四十一岁。乾隆皇帝写完上联后，要刘墉对下联。刘墉想了想，便对出了下联："古稀双庆，内多一个春秋。"下联也暗含老人的寿数。古稀指的是七十岁，因为杜甫有诗云："人生七十古来稀。"古稀双庆就是一百四十岁，再加上一岁，正是一百四十一岁。

（七）马克思的"马"

马寅初是中国当代经济学家、教育学家、人口学家。中华人民共和国成立后，他曾担任中央财经委员会副主任、华东军政委员会副主任、北京大学校长等职。他一生专著颇丰，特别对中国的经济、教育、人口等方面有很大的贡献。

马寅初生于1882年，按干支历法，马寅初生于马年马月马日马时，加上姓马，乡间盛传他集五马于一身。原来，他的生辰八字排出的四柱，每柱都有午。

马寅初发表“新人口论”方面的学说后，一些人诬蔑他是资产阶级人口学家马尔萨斯的追随者，称他是“中国的马尔萨斯”。这样一来，人们都说马老又多了一个“马”，成了“集六马于一身”的人。

马老听了这话，风趣地说：“我这匹‘马’啊，是马克思的‘马’！”

（八）壬戌之秋

我国著名的数学家苏步青精通甲子，张口就来。他有个学生研究古典文学，出了好几本研究苏东坡的文集。一天，学生把这些文集送给苏老，苏老翻看之后，发现有关《赤壁赋》的研究文章说《赤壁赋》撰于1080年。苏老说："苏东坡生于1037年，活了64岁。《赤壁赋》开头说'壬戌之秋，七月既望'，壬戌年应该是1082年啊！"

苏老一见干支纪年是壬戌年，就知道定《赤壁赋》的写作年代为1080年是错的。人们听说后都很吃惊，无不佩服苏老博学多才。

五、干支的用途

（一）干支纪日

在原始社会时期，人们以生产为主，常会遇到计算日期的事，主要是结绳计时和刻木计时。

例如：两人商定十天后一同去打猎，双方各持一根绳子，分别打上十个结，每过一天打开一个结。待全部解开了，双方约定的打猎日期就到了。

刻木计时是在一根竹片刻上十个道，由双方将其从中间纵向割为两半，每人各执一半，每过一天削去一个道，待刻的道全削完了，双方相约的日期也就到了。

结绳计时和刻木计时既烦琐又容易出错，人们渐渐想出了用符号计时的方法，最早出现的计日符号就是天干，接下来就是天干和地支并用。

根据文献的记载和对甲骨文的研究，可知我们祖先最早是用天干纪日的。

三代以前择日都用干，如《礼记》说："郊日用辛，社日用甲。"《诗经·小雅·吉日》说："吉日维戊。"上面引文中的辛、甲、戊都是天干所指的日期。

用地支纪日出现得晚一些，应用次数也少一些。《礼记·檀弓》中有"子卯不乐"的话，意思是每逢子日和卯日不得奏乐。

第三种是用天干和地支组合成的60组复合名称纪日，60日一循环。这种纪日法出现得很早，是远古时期我们祖先纪日的主要方法。

出土的甲骨卜辞中有大量干支纪日，最早的一片是商朝武丁时期的，上面刻有“乙酉夕月有食”六个字，意思是在乙酉这天的黄昏时分发生了月食。经专家推算，这片甲骨距今已经三千多年了。

河南省安阳市附近出土的一片甲骨上面刻有完整的甲子表，是由天干地支组成的60组复合名称，是殷商时期用来纪日的。

春秋战国时期，应用干支复合名称纪日已经很普遍了。干支纪日法确知从春秋时期鲁隐公三年（公元前720年）二月己巳日起，到清末止，两千多年从未间断和错乱过。这是迄今所知的世界上最长的纪日，对于核查史实所发生的准确时间有重要价值。

现今，在一般日历中已经不用干

支纪日了，但在确定“属伏”时仍然要用，规定夏至后第三个庚日开始属伏。

（二）干支用于纪月

干支纪月是指在农历中用干支记录一年之中的月序。一般只用地支纪月，每月固定用十二地支表示。把冬至所在之月称为“子月”（夏历十一月），下一个月称为“丑月”（夏历十二月），以此类推。古历中的《夏历》以“寅月”为正月，又称建寅之月或建寅正月等。

干支纪月时，不是农历某月初一至月底，而是取决于节气，见下表：

寅月 立春一惊蛰 中经雨水 农历为正月 阳历为二月 含丙寅月 戊寅月 庚寅月 壬寅月 甲寅月；

卯月 惊蛰—清明 中经春分 农历为二月 阳历为三月 含丁卯月 己卯月 辛卯月 癸卯月 乙卯月；

辰月 清明—立夏 中经谷雨 农历为三月 阳历为四月 含戊辰月 庚辰月 壬辰月 甲辰月 丙辰月;

巳月 立夏—芒种 中经小满 农历为四月 阳历为五月 含己巳月 辛巳月 癸巳月 乙巳月 丁巳月 ;

午月 芒种—小暑 中经夏至 农历为五月 阳历为六月 含庚午月 壬午月 甲午月 丙午月 戊午月;

未月 小暑—立秋 中经大暑 农历为六月 阳历为七月 含辛未月 癸未月 乙未月 丁未月 己未月 ；

申月 立秋—白露 中经处暑 农历为七月 阳历为八月 含壬申月 甲申月 丙申月 戊申月 庚申月;

酉月白露—寒露中经秋分 农历为八月阳历为九月 含癸酉月乙酉月 丁酉月 己酉月辛酉月;

戌月 寒露—立冬中经霜降 农历为九月阳历为十月 含甲戌月丙戌月 戊戌月 庚戌月 壬戌月 ；

亥月 立冬—大雪中经小雪 农历为十月阳历为十一月 含乙亥月 丁亥月 己亥月 辛

亥月 癸亥月；

子月 大雪—小寒 中经冬至 农历为十一月 阳历为十二月 含丙子月 戊子月 庚子月 壬子月 甲子月 ；

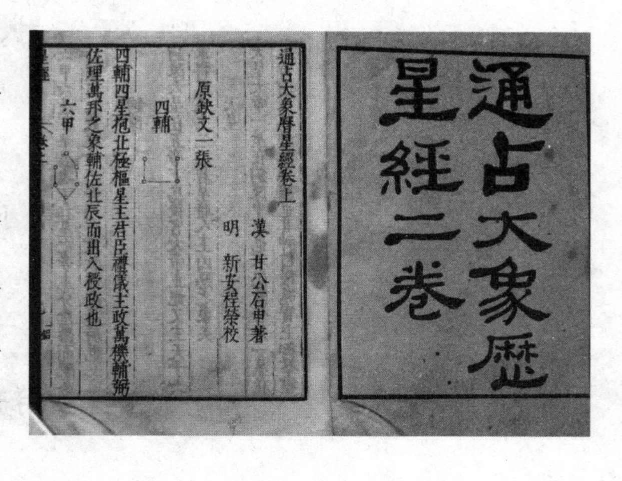
通占大象歷星經二卷

通占大象曆星經卷上

漢 甘公石申著

明 新安程榮校

原缺文一張

四輔

四輔四星抱北極樞星主君臣禮儀主政萬機輔弼佐理萬邦之象輔佐北辰而出入授政也

六甲

丑月 小寒—立春 中经大寒 农历为十二月 阳历为一月 含丁丑月 己丑月 辛丑月 癸丑月 乙丑月。

自商代历法开始，将每年的第一个月的地支定为寅，称为“正月建寅”，以后各月按地支顺序类推。正月天干的计算方法为：若遇甲或己的年份，正月是丙寅；遇上乙或庚之年，正月为戊寅；遇上丙或辛之年，正月为庚寅；遇上丁或壬之年，正月为壬寅；遇上戊或癸之年，正月为甲寅。依照正月之干支，其余月份按干支推算即可。

例如：2006年为丙戌年，其正月为庚

寅，二月为辛卯，三月为壬辰，余类推。

一年二十四个节气里，立春、惊蛰、清明、立夏、芒种、小暑、立秋、白露、寒露、立冬、大雪、小寒是十二节气，而雨水、春分、谷雨、小满、夏至、大暑、处暑、秋分、霜降、小雪、冬至、大寒是十二中气。

（三）干支用于纪年

古代最早的纪年法是按照王或公即位的年次纪年，例如公元前770年是周平

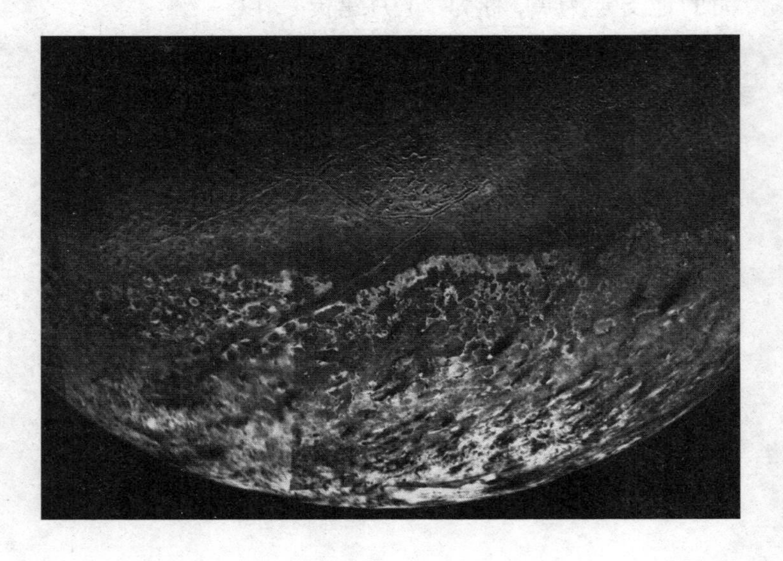

王元年、秦襄公八年等。汉武帝时开始用年号纪元，例如建元元年、元光元年等，更换年号就重新纪元。这两种纪年法是古代学者所用的传统纪年法。战国时代，占星家还根据天象纪年，有所谓岁星纪年法、太岁纪年法。后来，才出现了干支纪年法。

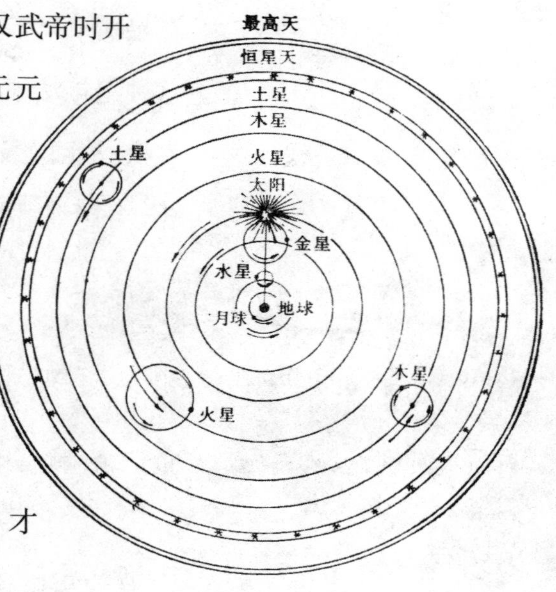

考古发现，在商朝后期帝王帝乙时的一块甲骨上，刻有完整的六十甲子，可能是当时的日历，说明在商朝时已经开始使用干支纪日了。根据考证，春秋时期鲁隐公三年二月己巳日（公元前712年二月初十），曾发生一次日食。这是中国使用干支纪日的确切的证据。

中国古代很早就认识到木星约12年运行一周天。人们把周天分为12分，称为12次，木星每年行经一次，就用木星所在星次来纪年。因此，木星被称为岁星，这种纪年法被称为岁星纪年法。此法在春秋、战国之交很盛行。因为当时诸侯割据，各国都用本国年号纪年，岁星纪年可以避免混乱和便于人民交往。

《左传》《国语》中所载“岁在星纪”“岁在析木”等大量记录，就是用的岁星纪年法。

十二次 星纪 玄枵 诹訾 降娄 大梁 实沈 鹑首 鹑火 鹑尾 寿星 大火 析木

十二辰 丑 子 亥 戌 酉 申 未 午 巳 辰 卯 寅

上面所列的是《尔雅·释天》所载的通用写法。

事实上岁星并不是12年绕天一周，而是11.8622年，每年移动的范围比一个星次稍微多一点，积至86年便会多走一个星次，这种情况叫“超辰”。

为了弥补这一缺陷，我们的祖先又

想出了太岁纪年法。

太岁纪年法是根据假想的太岁星的运行规律来纪年的方法。由于十二地支的顺序为当时人们所熟知，因此设想有个天体运行速度也是12年一周天，但运行方向是循十二辰的方向。这个假想的天体称为太岁，意思是比岁星还要高大。天文家还让这个假想的太岁自东向西运行，也就是与岁星相对而行，和太阳的运行方向相一致。太岁纪年法也是把周天划分为12个距离相等的时段，称之为十二星次。为了和前面所说十二星次有所区别，就用十二地支依序命名，称子年、丑年、寅年、卯年……

干支纪年通行于东汉后期。汉章帝元和二年（85年），朝廷下令在全国推行干支纪年。天干经六个循环，地支经五个循环正好是六十，就叫做六十干支。按照这样的顺序每年用一对干支表示，六十年一循环，叫作六十花甲子。如1894年是甲午年，2011年是辛卯年，2044年是甲子年。这种纪年方法就叫作干支纪年法，一直沿用到今天，还将继续用下去。

用干支纪年，必须先将天干地支组合起来，方法如下：

第一轮的组合是从天干的“甲”和地支的“子”开始的。依序组合成甲子、乙丑、丙寅、丁卯、戊辰、己巳、庚午、辛未、壬申、癸酉。组合后地支还剩下戌、亥二字。天干的第二轮组合就从甲戌开始，依序组合，至癸未止。第二轮组合后，地支剩下了申、酉、戌、亥四字。天干第三轮组合就从甲申开始，至癸巳止。第三轮组合后，地支剩下午、未、申、酉、戌、亥六字。天干第四轮组合就从甲午开始，至癸卯止。第四轮组合一，地支剩下了辰、巳、午、未、申、酉、戌、亥八字。天干第五轮组合就从甲辰开始，至癸丑止。第五轮组合后，地支剩下了“子丑”之后的十个字。天干的第六轮组合就从“子丑”之后的寅开始，组成甲寅，至癸亥止。天干经过了六轮的组合，地支经过了五轮的组合，共组合成60组不同的名称：

1. 甲子 2.乙丑 3.丙寅 4.丁卯 5.戊辰 6.己巳 7.庚午 8.辛未 9.壬申 10.癸酉 11.甲戌 12.乙亥 13.丙子 14.丁丑 15.戊寅

16.己卯 17.庚辰 18.辛巳 19.壬午 20.癸未

21.甲申 22.乙酉 23.丙戌 24.丁亥 25.戊子

26.己丑 27.庚寅 28.辛卯 29.壬辰 30.癸巳

31.甲午 32.乙未 33.丙申 34.丁酉 35.戊戌

36.己亥 37.庚子 38.辛丑 39.壬寅 40.癸卯

41.甲辰 42.乙巳 43.丙午 44.丁未 45.戊申

46.己酉 47.庚戌 48.辛亥 49.壬子 50.癸丑

51.甲寅 52.乙卯 53.丙辰 54.丁巳 55.戊午

56.己未 57.庚申 58.辛酉 59.壬戌 60.癸亥

有了上面的组合，就可以用来纪年了。

（四）干支用于中医的五运六气

五运六气简称运气，不是我们常说的运气，而是和中医有关的术语。

运指木、火、土、金、水五个阶段的相互推移；气指风、火、热、湿、燥、寒六种气候的转变。古代中医名家据甲、乙、丙、丁、戊、己、庚、辛、壬、癸十天干定运，据子、丑、寅、卯、辰、巳、午、未、申、酉、戌、亥十二地支定气，结合五行生克理论，推断每年气候变化与疾病的关系，总结出天干地支与五运六气的关系：

一（天干配五行）

甲乙为木

丙丁为火

戊己为土

庚辛为金

壬癸为水

二（地支配五行）

亥子为水

寅卯为木

巳午为火

申酉为金

辰戌丑未为土

三（天干化五运）（中运）

甲己为土运

乙庚为金运

丙辛为水运

丁壬为木运

戊癸为火运

其中单数（甲、丙、戊、庚、壬）为中运太过之年

双数（乙、丁、己、辛、癸）为中运不及之年

四（地支化六气）（司天之气）

子午—少阴君火司天 阳明燥金在泉

丑未—太阴湿土司天 太阳寒水在泉

寅申—少阳相火司天 厥阴风木在泉

卯酉—阳明燥金司天 少阴君火在泉

辰戌—太阳寒水司天 太阴湿土在

己亥—厥阴风木司天 少阳相火在泉

干支纪年在黄帝内经中就有了运和气（中运与司天之气）的意义。每年干支的不同组合，就有不同的中运与司天之气的组合，不同的气候容易引发不同的病症。

运气学说是中国古代研究气候变化与人体健康和疾病关系的学说，在中医学中占有比较重要的地位。运气学说的基本内容是在中医整体观念的指导下，以阴阳五行学说为基础，运用天干地支等符号作为演绎工具，来推论气候变化规律及其对人体健康和疾病的影响的。

人与自然界是一个动态变化着的整体，中医学认为一年四季的气候变化经历着春温、夏热、秋凉、冬寒的规律，它对人体的脏

腑、经络、气血、阴阳均有一定的影响。

运气对人体疾病发生的影响主要包括六气的病因作用、疾病的季节倾向、不同地区气候及天气变化对疾病的影响等。

从发病的规律看，由于五运变化，六气变化，运气相合的变化，各有不同的气候，所以对人体发病的影响也不尽相同。

每年气候变化的一般规律是春风、夏热、长夏湿、秋燥、冬寒。这种变化与发病的关系是春季肝病较多，夏季心病较多，长夏脾病较多，秋季肺病较多，冬季肾病较多。

从五运来说，木为初运，相当于每年的春季。由于木在天为风，在脏为肝，故每年春季气候变化以风气变化较大，在人体以肝气变化为主，肝病较多为其特点。

火为二运，相当于每年的夏季，由于火在天为热，在脏为心，故每年夏季在气候变化以火热变化较大，在人体以心气变化为主，心病较多为其特点。

土为三运，相当于每年夏秋之季，由于土在天为湿，在脏为脾，故每年夏秋之间，在气候变化上雨水较多，湿气较重，在人体以脾气变化为主，脾病较多为其特点。

金为四运，相当于每年的秋季，由于金在天为燥，在脏为肺，故每年秋季气候变化以燥气变化较大，在人体以肺气变化为主，肺病较多为其特点。

水为五运，相当于每年的冬季，由于水在天为寒，在脏为肾，故每年冬季气候比较寒冷，在人体以肾气变化为主，肾病、关节疾病较多为其特点。

运气所形成的正常气候是人类赖以生存的必备条件，人体各组织器官的生命活动一时一刻也不能脱离自然条件。人们只有顺应自然的变化，及时地作出适应性的调节，才能保持健康。

（五）干支用于针灸的子午流注

中医主张天人合一，认为人是大自然的组成部分，人的生活习惯应该符合自然规律。

子午流注是针灸于辩证循经外，按时取穴的一种操作方法。它的含义是说人身气血周流出入皆有定时，血气应时而至为盛，血气过时而去为衰，逢时而开，过时则阖。泄则乘其盛，补者随其去，按照这个原则取穴，可取得更好的疗效，称子午流注法。根据脏腑在12个时辰中的兴衰取穴，十分有序。

子时（23点–1点），胆经最旺。胆汁需要新陈代谢，人在子时入眠，胆方能完成代谢。凡在子时前入睡者，晨醒后头脑清醒，气色红润。反之，日久子时不入睡者面色青白，易生肝炎、胆囊炎、结石之类的病，这个时辰养肝最好。

丑时（1点–3点），肝经最旺。肝藏血，人的思维和行动要靠肝血的支持，废旧的血液需要淘汰，新鲜血液需要产生，这种代谢通常在肝经最旺的丑时完成。如果丑时不入睡，肝还在输出能量支持人的思维和行动，就无法完成新陈代谢。黄帝内经说卧则血归于肝，因此丑时未入睡者面色青灰，易生肝病，这个时辰保肝最好。

寅时（3点–5点），肺经最旺。肝在丑时把血液推陈出新之后，将新鲜血液提供给肺，通过肺送往全身。因此人在清晨面色红润，精力充沛。寅时，有肺病的人反映强烈，剧咳、哮喘或发烧，这个时辰养肺最好。

卯时（5点–7点），大肠经最旺。肺将充足的新鲜血液布满全身，紧接着促进大肠经进入兴奋状态，完成吸收食物中的水分和营养、排出糟粕的过程。因此，大便不正常者在此时需要辨证调理。

辰时（7点–9点），胃经最旺，人在7点吃早饭最容易消化。胃火过盛时嘴唇发干，重则唇裂或生疮，要在7点清胃火；胃寒者要在7点养胃健脾。

巳时（9点–11点），脾经最旺。脾是消化、吸收、排泄的总调度，又是人体血液的统领。脾开窍于口，如果脾的功能好，消化吸收就好，血的质量就好，嘴唇会是红润的。反之，会唇白、唇暗或唇紫。脾虚者9点要健脾，湿盛者9点要利湿。

午时（11点–13点），心经最旺。心推动血液运行，养神、养气、养筋。人在午时要睡片刻，对养心大有好处，可使下午乃至晚上精力充沛。心率过缓者11点要补心阳，心率过速者要滋心阴。

未时（13点–15点），小肠经最旺。小肠把水送进膀胱，糟粕送进大肠，精华输送进脾。小肠经在未时对人一天的营养进行调整。饭后两肋胀痛者在此时要降肝火，疏肝理气。

申时（15点–17点），膀胱经最旺。膀胱贮藏水液和津液，水液排出体外，津液循环在体内。若膀胱有热可致膀胱咳，即咳时遗尿。申时人的体温较热，阴虚的人尤为突出，在申时滋肾阴可治此症。

酉时（17点–19点），肾经最旺。经过申时的人体泻火排毒，肾在酉时进入贮藏精华的时辰，肾阳虚的人酉时补肾阳最有效。

戌时（19点–21点），心包经最旺。心包是心的保护组织，又是气血通道。心包戌时兴旺可清除

心脏周围病气，使心脏处于完好状态。心发冷的人戌时要补肾阳；心闷热的人戌时要滋心阴。

亥时（21点-23点），三焦经最旺。三焦是六腑中最大的腑，有主持诸气、疏通水道的作用。亥时三焦通百脉，如果在亥时睡眠，百脉可以得到休养，对身体十分有益。亥时百脉皆通，可以用任何一种方法进行调理。

（六）干支用于中医的疾病预测

天干的运行周期为十，以十个时辰、十天、十个月以及十年为一个个不同时段的周期，并不断有序地反复循环，形成稳定的周期律。地支的运行周期为十二，以十二个时辰、十二天、十二个月以及十二年为一个个不同时段的周期，并不断有序地反复循环，形成稳定的周期律。天干地支的配合，制造出一个以六十个时辰、六十天、六十个月以及六十年为一周的运行周期，并不断有序地反复循环，形成稳定的周期律。

天干周期和地支周期明确地告诉人们，在我们生活的空间内，在天上存在着一个以十进制为一个循环周期的规范化与标准化的自然运动程序，在地上存在着一个以十二进制为一个循环周期的规范化与标准化的自然运动程序，它们都是出自大自然的创作，是不可人为更改的自然规律。

在实践中，天干地支不

仅仅被用于纪时，在漫长的历史长河中，它还被中华民族广泛地应用于预测之中，据《黄帝内经》的记载，在远古时代，中医就运用天干来预测疾病的发展趋势，比如说肝病甚于庚辛，愈于丙丁；肺病甚于丙丁，愈于壬癸；脾病甚于甲乙，愈于庚辛；心病甚于壬癸，愈于戊己；肾病甚于戊己，愈于甲乙等。

天干地支具有的预测功能，经过中国人长期的运用，被证明有非常高的准确度，这让人们完全有理由相信，天干地支是超越现代科学的先进知识。

古代人们创造天干地支，其原意既不是用来记载时间，也不是用来记载什么神奇的秘密，它的真正作用，是用来记载天上与地上风、寒、湿、燥、火这五行之气的运动变化情况，准确忠实地记载天上和地上五行之气运行的盛衰状态和规律特点，这才是天干地支隐藏的最大秘密。

在甲、乙、丙、丁、戊、己、庚、辛、

壬、癸十天干的五行性质特色中，显示出甲乙携带着风气，丙丁携带着火气，戊己携带着湿气，庚辛携带着燥气，壬癸携带着寒气，表明天上的五行之气在按部就班地遵照五行相生的程序运行变化。

在子、丑、寅、卯、辰、巳、午、未、申、酉、戌、亥十二地支的五行性质特色中，显示出寅卯携带着风气，巳午携带火气，申酉携带燥气，亥子携带寒气，辰戌丑未携带湿气，以一种独特的程序运行，表明地上五行之气有着另外的一种既遵循五行相生规律，但又不完全遵循五行相生规律运行的模式。

六十甲子的原本意义也不是用来记载时间的，而是用来记载在特定时间内天上五行之气的状态与地上五行之气状态的。比如六十年的天干地支，它记载的是每一年当中，主宰天上的五行之气的性质是什么，地上五行之气的性质是什么。如甲子年，它要表明的是，在当年之中，天上以逐渐增强的风气为统管的主宰，地上也以逐渐增强的寒气为统管的主宰。如亥癸年，它要表明的是，在当年之中，天上以逐渐衰弱的寒气为统管的主宰，地上也以逐渐衰弱的寒气为统管的主宰。同样，每月，每天，每时的干支，也是记载着当时的天气性质和地气性质，为什么古代人要不厌其烦地记载下天地五行之气的运行规律呢？原因是天地的五行之气不但对地球气候环境的变化有重大的影响力，而且对地球上一切生命体的生存和发展都有重大的影响力。因此，只要把握天地五行之气的运行状态，一方面可以用来分析未来环境气候的变化趋势，另一方面可以用来预测环境对生命体的影响趋势，能够预测未来的环境趋势，这对人类的生活有着重要的现实

意义，即使在现代社会，对未来环境状态变化趋势的预测，仍然有十分重要的意义，只不过是现在的预测手段比过去更加先进更加科学而已。

（七）干支用于气功

气功在我国源远流长，是我们祖先在长期的生活和劳动中，在与疾病和衰老的斗争中创造的一种独特的养生方法。它不但可以预防和治疗很多疾病，同时还可以强身益寿。

气功重视练功的时间性，认为子、卯、午、酉四个时辰练功最好。子时相当于夜半时分，是阴消阳生的交替时间；卯时相当于清晨，是半阳半阴时分；午时相当于中午前后，是阳消阴生的交替时间；酉时相当于黄昏，是半阴半阳时分。在这四个时段里最好的是子时，也有人认为卯时是练功的黄金时间。

就一年来说，冬至、春分、夏至、秋分颇似一天中的子、卯、午、酉，如能抓住这四个节气练功，可以收到更好的效果。

气功还强调练功的方向性。强调春天面向东，夏天面向南，秋天面向西，冬天面向北。

气功讲究“服气法”，强调要根据不同季节选择不同的最佳日期。《中国传统气功学》里说：“春以六丙之日……夏以六戊之日……秋以六壬之日……冬以六甲之日……”六丙指的是干支对应组合表中的丙寅、丙子、丙戌、丙申、丙午、丙辰，余类推。

天干分阴阳：甲、丙、戊、庚、壬属于阳干，属于阳，说明它们都有增长、旺盛、强壮的阳性质；乙、丁、己、辛、癸属于阴干，属于阴，说明它们都有消减、衰落、萎缩的阴性质。

天干分五行：甲乙同属于木，甲为阳

木，乙为阴木；丙丁同属于火，丙为阳火，丁为阴火；戊己同属于土，戊为阳土，己为阴土；庚辛同属于金，庚为阳金，辛为阴金；壬癸同属于水，壬为阳水，癸为阴水。

地支分阴阳：子、寅、辰、午、申、戌同属于阳，分属于阳，说明它们具有增长、旺盛、强壮的阳性质；丑、卯、巳、未、酉、亥同属于阴，分属于阴，说明它们具有消减、衰落、萎缩的阴性质。

地支分五行：寅卯同属于木，寅为阳木，卯为阴木；巳午同属于火，午为阳火，巳为阴火；申酉同属于金，申为阳金，酉为阴金；子亥同属于水，子为阳水，亥为阴水；辰戌丑未同属于土，辰戌为阳土，丑未为阴土。

干支相配的方法，是以阳干配阳支，阴干配阴支，从甲子开始，到癸亥为止，共合为六十，之后再从甲子开始循环。

古人练习气功讲究选择不同季节的

阳干之日，以期收到更好的效果。

（八）干支用于斗建

斗指北斗星，斗建是根据北斗星的转动规律所确立的纪月准则，又名月建。

北斗星由七颗星组成，因七星形似古代舀酒的斗，故名北斗星。北斗星环绕北极星运行，每年绕行一周，北斗星斗柄所指的方向会随着季节的不同而不同。在中国古代，我们的祖先发现在不同季节的黄昏时，北斗星的斗柄指向是不同的。因此，把斗柄的指向作为定季节的标准。《鹖冠子》说：“斗柄东指，天下皆春；斗柄南指，天下皆夏；斗柄西指，天下皆秋；斗柄北指，天下皆冬。”

春秋战国时期，天文学有了进一步的发展，为使斗柄指示的方向与月份对应，古人将北斗星绕行的区域分为十二等分，并以十二地支命名，分别以十二地支表示十二个月。

了解以地支命名的月建对阅读先秦时期的古籍是有帮助的。

春秋时期，周王室衰落，各地诸侯割据一方，有的还制订了自己的历法，其中较为重要的有夏历、殷历、周历、颛顼历等。这些历法的主要不同之处是岁首月不同：周历以建子之月为岁首，殷历以建丑之月为岁首，夏历以建寅之月为岁首，颛顼历以建亥之月为岁首。这样，周历的正月为子月；殷历的正月为丑月，相当于周历的二月；夏历的正月为寅月，相当于周历的三月和殷历的二月。

《春秋·隐公六年》说："冬，宋人取长首。"而解释《春秋》的《左传》则说："秋，宋人取长首。"两者记述表面上看，差了一个季节，实际上没有错，只是因为所用的历法不同。

（九）干支用于星野

星野指天上星宿与地上对应的区域。古代天文学家将此二者联系在一起，用以阐释不同星宿的星象变化对不同区域的感应情况。古人主张天人合一，天能用天象昭示人间的吉凶。人间有什么吉凶

祸福，星象会有先兆。但天下这么大，天象出现之后，人们迫切想知道是主何地的吉凶，星野学说就是为了解决这一问题而产生的。

远在春秋时期就有了星野学说，距今已经有近三千年的历史了。《周礼·春官宗伯》所载的职官中，有叫保章氏的，即把天上不同的星宿与地上各州郡或各诸侯封域一一对应起来。延及汉朝，司马迁《史记·天官书》对此也有说明。天官书以十二星次为准，将其与地上各州国一一对应起来，其中还将十二地支与十二星次相对照。十二地支指代的是不同的星宿，如子指齐或青州对就的星宿，丑指吴越或扬州对应的星宿。

（十）干支用于二十八宿

我们的祖先为了认识星辰和观测天象，把天上的恒星分成二十八组，称

为二十八宿。至迟于公元前500年左右，二十八宿的学说就创立了，可谓历史悠久。

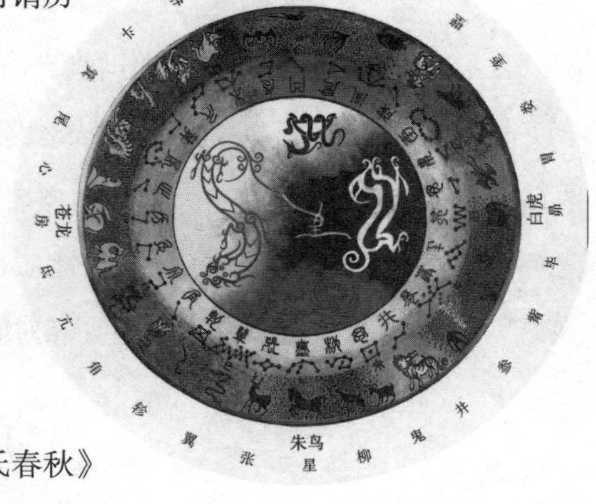

1978年，湖北省随州市公元前433年战国初年墓葬擂鼓墩1号墓出土的漆盒盖上有二十八宿的名称及与之对应的青龙、白虎图像。

在《礼记·月令》及《吕氏春秋》中，也有二十八宿的全称。

但是，那时人们只是用二十八宿作为观察日月五星视运动的标志。

到了唐代，二十八宿成了二十八个天区的主体。

在二十八宿中，东方七宿称苍龙，有角、亢、氐、房、心、尾、箕；北方七宿称玄武，有斗、牛（牵牛）、女（须女）、虚、危、室（营室）、壁（东壁）；西方七宿称白虎，有奎、娄、胃、昴、毕、觜、参；南方七宿称朱雀，有井（东井）、鬼（舆鬼）、柳、星（七星）、张、翼、轸。

经过长时期实践，人们对星野学说加以改进，改用以二十八宿为主的星野划分法，使分野分得更准确更细致，并以十二地支名称取代了原来难记的十二星次的名称。这样，十二地支和二十八宿便发生了相对应的关系。

（十一）干支用于八卦

在《周易》卦形中，横直线代表阳，横断线代表阴。在六十四卦中，每一卦形都是由六条线组成的。在下面十二卦中，六条全是直线（乾）意味着阳性盈满，再接下去就是阳消阴长，由一条横断线增到五条横断线。若六条全是横断线就意味着阴性盈满，再接下去就是阴消阳长

的过程。这十二卦有专称，在周易中称辟卦。

在十二辟卦中，乾卦是六条横直线，接下去的卦形依次是五阳一阴、四阳二阴、三阳三阴、二阳四阴、一阳五阴、六阴。再接下去就是阴消阳长的过程，直至又回到乾卦的六阳了。

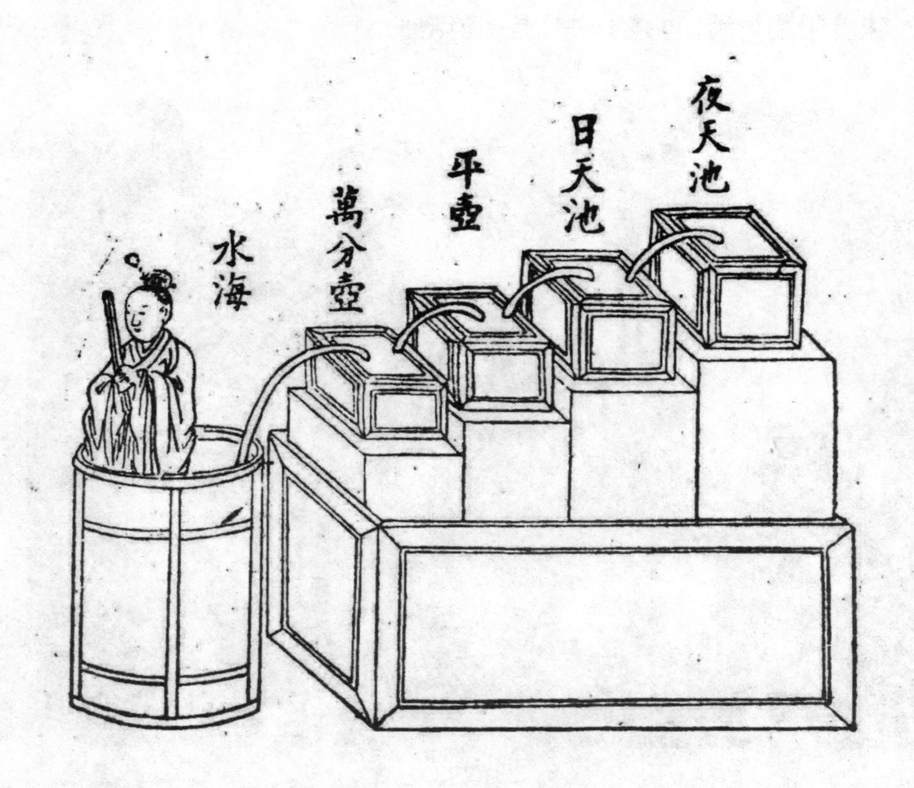

在《周易》中，十二辟卦并不在一起，周易大师将它们摘录在一起编排成序，是为了用来说明阴阳消长的过程。十二辟卦正好和十二地支两两相对应，复卦一阳，是阳的始盛期，因此用子来对应它，因为子也是阳气初起。这样一对应，本来很复杂的阴阳消长过程就变得通俗易懂，为更多的人所接受了。久而久之，两者之间形成了固定的对应关系。

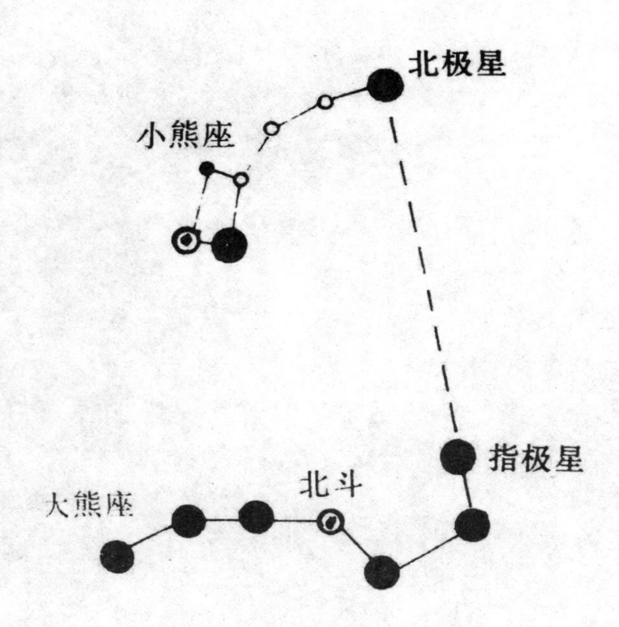

（十二）干支用于四柱八字

四柱是指人出生的时间，即年、月、日、时，用天干和地支表示，如子丑年、丙申月、辛丑日、壬寅时等，共四项，故称四柱。每柱两字，四柱共八字，因此算命又称“测八字”。

一个人测八字时，首先要排好四柱，即找出一个人的生辰八字，要分四步进行：

1.排年柱

年柱即人出生的年份，要用干支来表示。注意上一年和下一年的分界线是以立春这一天的交节时刻划分的，而不是以正月初一划分。

2.排月柱

《起月表》可以帮助人们排月柱，如乙庚年三月生的，则其月柱为“庚辰”，见下表：

月/年	甲己	乙庚	丙辛	丁壬	戊癸
正月	丙寅	戊寅	庚寅	壬寅	甲寅
二月	丁卯	己卯	辛卯	癸卯	乙卯
三月	戊辰	庚辰	壬辰	甲辰	丙辰
四月	己巳	辛巳	癸巳	乙巳	丁巳
五月	庚午	壬午	甲午	丙午	戊午
六月	辛未	癸未	乙未	丁未	己未
七月	壬申	甲申	丙申	戊申	庚申

八月 癸酉 乙酉 丁酉 己酉 辛酉

九月 甲戌 丙戌 戊戌 庚戌 壬戌

十月 乙亥 丁亥 己亥 辛亥 癸亥

冬月 丙子 戊子 庚子 壬子 甲子

腊月 丁丑 己丑 辛丑 癸丑 乙丑

3.排日柱

从鲁隐公三年二月己巳日至今，我国干支纪日从未间断，这是人类社会迄今所知的唯一最长的纪日法。

日柱，即用农历的干支代表人出生的那一天，干支纪日每六十天一循环，由于大小月及平闰年不同的缘故，日干支需查找《万年历》。

日与日的分界线以子时划分，即十一点前是上一天的亥时，过了十一点就是次日的子时了，千万不要认为午夜十二点是一天的分界点。

4.排时柱

时柱即用干支表示人出生的时辰，一个时辰在农历记时中跨两个小时，故一天共十二个时辰。

子时: 23点–1点

丑时: 1点–3点

寅时: 3点–5点

卯时: 5点–7点

辰时: 7点–9点

巳时: 9点–11点

午时: 11点–13点

未时: 13点–15点

申时: 15点–17点

酉时: 17点–19点

戌时: 19点–21点

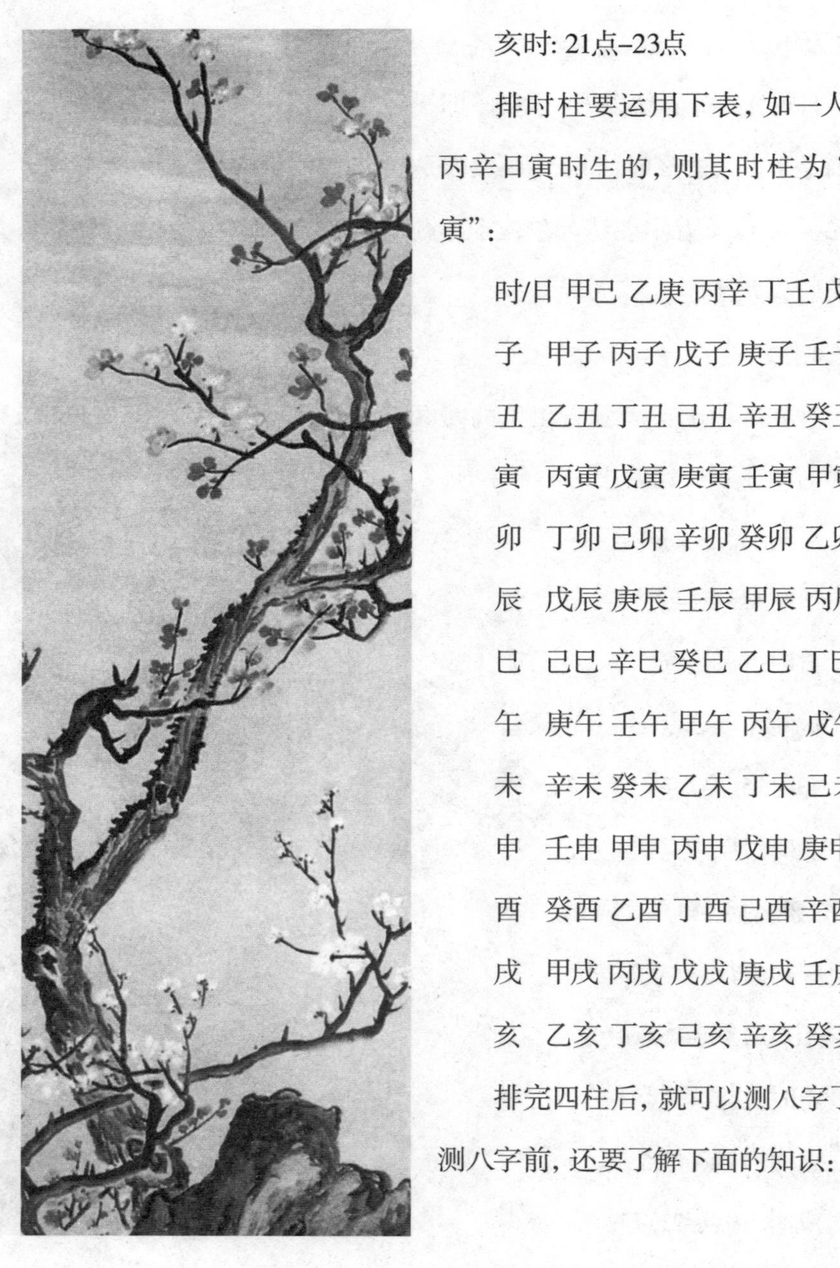

亥时: 21点–23点

排时柱要运用下表，如一人是丙辛日寅时生的，则其时柱为“庚寅”：

时/日	甲己	乙庚	丙辛	丁壬	戊癸
子	甲子	丙子	戊子	庚子	壬子
丑	乙丑	丁丑	己丑	辛丑	癸丑
寅	丙寅	戊寅	庚寅	壬寅	甲寅
卯	丁卯	己卯	辛卯	癸卯	乙卯
辰	戊辰	庚辰	壬辰	甲辰	丙辰
巳	己巳	辛巳	癸巳	乙巳	丁巳
午	庚午	壬午	甲午	丙午	戊午
未	辛未	癸未	乙未	丁未	己未
申	壬申	甲申	丙申	戊申	庚申
酉	癸酉	乙酉	丁酉	己酉	辛酉
戌	甲戌	丙戌	戊戌	庚戌	壬戌
亥	乙亥	丁亥	己亥	辛亥	癸亥

排完四柱后，就可以测八字了。测八字前，还要了解下面的知识：

十天干的五行属性：

甲（阳性）乙（阴性）东方木；

丙（阳性）丁（阴性）南方火；

戊（阳性）己（阴性）中央土；

庚（阳性）辛（阴性）西方金；

壬（阳性）癸（阴性）北方水。

十二地支的五行属性：

亥子北方水；

寅卯东方木；

巳午南方火；

申酉西方金；

辰戌丑未中央土。

五行相生的规律：

木生火，火生土，土生金，金生水，水生木。

五行相克的规律：木克土，土克水，水克火，火克金，金克木。

五行/天干/地支对照表：

天干： 甲—木 乙—木 丙—火 丁—火 戊—土 己—土 庚—金 辛—金

壬一水 癸一水

地支：子一水 丑一土 寅一木 卯一木 辰一土 巳一火 午一火 未一土 申一金 酉一金 戌一土 亥一水

然后根据一个人出生日子的第一个干支通过下表来查算时辰干支：

时辰干支查算表

时间时辰

五行纪日干支

甲己 乙庚 丙辛 丁壬 戊癸

23—01 子/水 甲子 丙子 戊子 庚子 壬子

01—03 丑/土 乙丑 丁丑 己丑 辛丑 癸丑

03—05 寅/木 丙寅 戊寅 庚寅 壬寅 甲寅

05—07 卯/木 丁卯 己卯 辛卯 癸卯 乙卯

07—09 辰/土 戊辰 庚辰 壬辰 甲辰 丙辰

09—11 巳/火 己巳 辛巳 癸巳 己巳 丁巳

11—13 午/火 庚午 壬午 甲午 丙午 戊午

13—15 未/土 辛未 癸未 乙未 丁未 己未

15—17 申/金 壬申 甲申 丙申 戊申 庚申

17—19 酉/金 癸酉 乙酉 丁酉 己酉 辛酉

19—21 戌/土 甲戌 丙戌 戊戌 庚戌 壬戌

21—23 亥/水 乙亥 丁亥 己亥 辛亥 癸亥

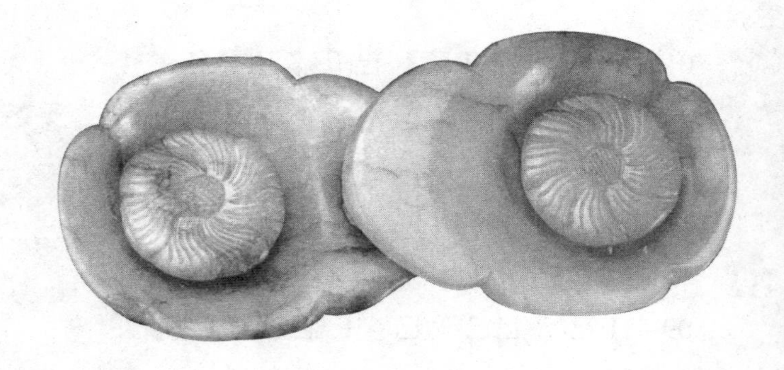

出生日期第一个干支表示属于何命，排出来的五行没有什么就是缺什么。

（十三）干支用于书画落款

干支纪年常用于中国国画的落款，如国画大师徐悲鸿的《奔马图》，画于1939年10月的题“己卯十月悲鸿”，画于1942年夏的题“壬午夏悲鸿”。

现在，书画作品仍大量使用干支纪年，如果直接使用公元纪年，就显得太直白了，会缺少书卷气，与书画的气氛不协调。

现在，人们的生活富裕了，好多老人有了精神文化方面的追求，爱上了书画。

一些人在书画落款上动起了脑筋，如有人在落款处题上了“阏逢困敦”四个字，使作品显得古色古香，品位也更高了。“阏逢困敦”属于岁星纪年范畴，指甲子年。为了让人们了解这些落款的含义，或在使用时更加便捷，特列出下面的对应表。

甲子（阏逢 困敦） 乙丑（旃蒙 赤奋若） 丙寅（柔兆 摄提格）

丁卯（强圉 单阏） 戊辰（著雍 执徐） 己巳（屠维 大荒落）

庚午（上章 敦牂） 辛未（重光 协洽） 壬申（玄黓 涒滩）

癸酉（昭阳 作噩） 申戌（阏逢 阉茂） 乙亥（旃蒙 大渊献）

丙子（柔兆 困敦） 乙丑（旃蒙 赤奋若） 丙寅（柔兆 摄提格）

己卯（屠维 单阏） 戊辰（著雍 执徐） 辛巳（重光 大荒落）

壬午（玄黓 敦戕） 癸未（昭阳 协洽） 甲申（阏逢 涒滩）

乙酉（旃蒙 作噩） 丙戌（柔兆 阉茂） 丁亥（强圉 大渊献）

戊子（著雍 困敦） 己丑（屠维 赤奋若） 庚寅（上章 摄提格）

辛卯（重光 单阏） 壬辰（玄黓 执徐） 癸巳（昭阳 大荒落）

甲午（阏逢 敦戕） 乙未（旃蒙 协洽） 丙申（柔兆 涒滩）

丁酉（强圉 作噩） 戊戌（著雍 阉茂） 已亥（屠维 大渊献）

庚子（上章 困敦） 辛丑（重庄 赤奋若） 壬寅（玄黓 摄提格）

葵卯（昭阳 单阏） 甲辰（阏逢 大荒落） 乙巳（旃蒙 大荒落）

丙午（柔兆 敦牂） 丁未（强圉 协洽） 戊申（著雍 涒滩）

己酉（屠维 作噩） 庚戌（上章 阉茂） 辛亥（重光 大渊献）

壬子（玄黓 困敦） 癸丑（昭阳 赤奋若） 甲寅（阏逢 摄提格）

乙卯（旃蒙 单阏） 丙辰（柔兆 执徐） 丁巳（强圉 大荒落）

戊午（著雍 敦牂） 己未（屠维 协洽） 庚申（上章 涒滩）

辛酉（重光 作噩） 壬戌（玄黓 阉茂） 癸亥（昭阳 大渊献）

在岁星纪年中，对甲、乙、丙、丁、戊、己、庚、辛、壬、癸十干给以相应的专名，依次为阏逢、旃蒙、柔兆、强圉、著雍、屠维、上章、重光、玄黓、昭阳。又对子、丑、寅、卯、辰、巳、午、未、申、酉、戌、亥十二支也给以相应的专名，依次为困敦、赤奋若、摄提格、单阏、执徐、大荒落、敦牂、协洽、涒滩、作噩、阉茂、大渊献。这样，甲寅年可写为阏逢摄提格，余类推。